U0181460

h_t

从长颈鹿的 抗荷服 到火星诅咒

An Equation
for Every Occasion

Fifty-Two Formulas and Why They Matter

——52 个数学公式背后的故事

从长颈鹿的

An Equation

抗荷服

for Every Occasion

到火星诅咒

52个数学公式背后的故事

Fifty-Two Formulas and Why They Matter

[美]

约翰·M.汉肖

编著

解永宏

译

辽宁科学技术出版社

·沈阳·

This is translation edition of *An Equation for Every Occasion：Fifty-Two Formulas and Why They Matter*, by John M. Henshaw. © 2014 John Hopkins University Press
All rights reserved. Published by arrangement with Johns Hopkins University Press，Baltimore，Maryland

© 2021 辽宁科学技术出版社
著作权合同登记号：第 06-2020-26 号。

图书在版编目（CIP）数据

　　从长颈鹿的抗荷服到火星诅咒：52 个数学公式背后的故事／（美）约翰·M. 汉肖编著；解永宏译. —沈阳：辽宁科学技术出版社，2021.8
　　ISBN 978-7-5591-2027-4

　　Ⅰ . ①从… Ⅱ . ①约… ②解… Ⅲ . ①数学—普及读物 Ⅳ . ①O1-49

中国版本图书馆 CIP 数据核字（2021）第 068083 号

出版发行：辽宁科学技术出版社
　　　　　（地址：沈阳市和平区十一纬路 25 号 邮编：110003）
印　刷　者：辽宁新华印务有限公司
经　销　者：各地新华书店
幅面尺寸：130 mm×210 mm
印　　张：9
字　　数：220 千字
出版时间：2021 年 8 月第 1 版
印刷时间：2021 年 8 月第 1 次印刷
责任编辑：闻　通
封面插图：孙大野
封面设计：周　洁
版式设计：鲍　阳
责任校对：徐　跃

书　　号：ISBN 978-7-5591-2027-4
定　　价：55.00 元

联系编辑：024-23284740
邮购热线：024-23284502
E-mail：605807453@qq.com
http：//www. lnkj. com. cn

致我塔尔萨大学的学生

本书并非一本数学书，而是一本故事书。书中汇集了52个真实故事，刚好每段故事的引子都是一个方程。有时，一个方程引出一个故事；有时，一个方程会对应多个故事；有时，多个故事关联的又是同一个或几个方程。本书尝试与读者一道去追寻这些故事，探究这些方程，并向大家娓娓道来。

举世无双的史蒂芬·霍金在撰写他的经典著作《时间简史》时，有人曾给他提出一条明智的建议，不过，这条建议对本书就不太适用了。霍金在书的致谢部分提到，有人提醒他书中每多出现一个方程，将来的销量就会减半。因此，他决定全书仅留下唯一一个这样的销量杀手——霍金只保留了著名的爱因斯坦质能方程 $E = mc^2$。

本书同样面向普罗大众，在每一节的开头部分都会介绍一个方程，因此，我们真心希望本书的销量不要像霍金教授的顾问所讲的那样，将来的销量与方程数量之间的关系，变成下面的数学公式：

$$实际销量 = \frac{期待的销量}{2^n}$$

其中，n 是书中包含方程的个数。

许多孩子的学习过程中总会出现一个阶段，特别是那些喜欢数学的孩子，他们会意识到数学不像其他学科，仅仅是一门需要学习的课程。通常在十几岁的时候，很多孩子开始认识到数学是解释事物运转不可或缺的工具。年龄再稍大一点儿，这些青少年开始发现数学对其他方面也大有裨益，数学让世界变得更美好。在这个过程中，我们想到数学还有另外一个方面的好处，那就是它也可以有引人入胜的故事性。这本书中的故事大多遴选自科学和工程领域，也涉猎商业、艺术和娱乐范畴。一个美妙的方程，就是一段动听的故事，等待着有心之人去发现。

在《如何阅读一本书》中，作者莫蒂默·阿德勒和查尔斯·范·多伦提出了很多合理的建议，包括阅读含有大量方程的书。他们认为，在某种程度上，"跳着略读通常是最好的方式"。我认同此看法，并希望你在阅读本书时也会采取这种方式。书中所讲的故事都很短，你可以按自己的喜好来编排顺序进行阅读，即便不是绝大部分。书中介绍的很多方程都值得做进一步的深入探讨，其中某些主题可以用一整本书，甚至是满满一架书来论述，但这不是本书的目的。如果你在读完本书后，发现对某个方面产生了兴趣，我们希望你可以去查阅每个故事后提供的参考资料。

根据开尔文勋爵的说法，数学家是这样一类人：e^{-x^2} 从负无穷到正无穷的积分等于 π 的平方根，这个对他们来说，就像

普通人眼中的 $2+2=4$ 一样一目了然。写成公式形式，即：

$$\int_{-\infty}^{+\infty} e^{-x^2}\mathrm{d}x = \sqrt{\pi}$$

开尔文勋爵在大多数事情的判断上都是正确的（个别例外），他对数学家的定义也应该所言不差。我们想强调，这本书是写给后者的（对应 $2+2=4$），如果少数前者（对应 $\int_{-\infty}^{+\infty} e^{-x^2}\mathrm{d}x = \sqrt{\pi}$）也觉得这本书很有趣，我将备感荣幸。

本书的创作始于几年前我和一个学生的一次聊天。那天，史蒂文·刘易斯来到我的办公室，询问我是否有兴趣和他一起进行一个独立的研究项目。

我问："你不是同时攻读机械工程和英国文学双学位的那位同学吗？"

他回答说确实如此。

"好吧，那么，也许我们应该一起写一本书！"

虽然我的提议有点儿开玩笑，但他却马上接受了。所以，那个学期余下的时间里，我们每周都会写一篇"数学公式的故事"。在每周例会上，我们互相读故事，互相点评和讨论各自的工作，这无疑是我做过的最不寻常和最愉快的研究项目之一。史蒂文毕业后，开启了他的工程师生涯，最后由我负责把故事的数量扩充至52篇，并做编辑梳理。但我会永远感激史蒂文，他以一个大学生的乐观精神，积极协助我把这个项目付诸实践。

目录

01.

地球吸引苹果

$$F = G\frac{m_1 m_2}{r^2}$$

牛顿万有引力定律

艾萨克·牛顿（1643—1727）在《自然哲学的数学原理》中提出了万有引力定律，这本著作最早发表于1687年。万有引力定律指出，质量为 m_1 和 m_2 的两个物体之间的作用力 F 与两个物体质量的乘积（$m_1 m_2$）成正比，与两个物体之间距离 r 的平方成反比。当考虑像行星这样的大质量天体间的引力时，一般认为行星的质量集中在行星的中心点上。质量分布呈球对称特点的物体，在它外部区域的引力效应，等同于考虑位于球中心的质点产生的引力效应。G 是万有引力常数，约为 $6.67×10^{-11}$ N·m^2/kg^2。

作为历史上知名的几棵树之一，艾萨克·牛顿的苹果树可与传说中被少年乔治·华盛顿砍倒的树相媲美，但牛顿并没有用斧头砍树，他只是观察到树上落下一个苹果，直接掉到树下的土地上。虽然没有证据表明这个科学史上最著名的水果确实砸中了牛顿的脑袋，但除去这点之外，本故事讲述的其余部分可能都是真实的。牛顿在苦思冥想中诚然受到了那个苹果的启发，他思考的焦点正是如今家喻户晓的"引力"。牛顿思考的结果就是本节所展示的方程，即牛顿万有引力定律。

艾萨克·牛顿可能是迄今为止最伟大、最重要的科学家，光是列出一份他的主要成就清单，就够我们读一阵子了。除了这个故事涉及的万有引力，还包括光学基本定律、三大运动定律（牛顿第一定律、第二定律和第三定律）以及热力学方面的重要成就（牛顿冷却定律）。牛顿对纯理论数学的贡献（如微积分的发明）同样举足轻重，以至于大家公认牛顿是迄今为止最伟大的少数几个数学家之一。牛顿的代表作《自然哲学的数学原理》于 1687 年面世，时至今日，仍然被誉为历史上最重要的科学著作之一。

牛顿本人也曾多次提到苹果的故事，认为这是解开他心中困扰的一次灵感乍现，即如何更好地理解地球、月球和太阳系中其他行星的运动。牛顿意识到，正如落下的苹果被地球所吸引，地球也被苹果所吸引，但与地球相比，苹果的质量微不足道，苹果对地球的影响也就微不足道了。然而，当考虑地球和月球时情况就不太一样了，地球的质量大约是月球的 80 倍，月球不像苹果，它的质量大到足以对地球的运动产生显著的影响。

万有引力是一种神秘的力量，但牛顿万有引力定律绝不是引力研究的最终定论（下文中我们将会看到）。在牛顿时代，关于地球引力的认识更多的是经验之谈，毕竟，苹果是垂直下落的，人们很难相信，导致苹果从树上掉下来的力可以解释行星运行轨道。

但客观事实的确像牛顿万有引力定律揭示的一样，牛顿利用他的定律，能够准确地预测月球绕地球的运动等现象。但直到 1727 年，牛顿去世后不久，这一定律才得到了最重要的实验证实。天王星是天文学家威廉·赫舍尔在 1781 年发现的，到 1846 年，天王星自发现以来差不多完成了一次绕日运行，这给天文学家留下了足够的时间去发现天王星轨道上一些不能用万有引力定律解释的异常现象，除非在太阳系的某个地方隐藏着另一颗行星，其质量导致了天王星轨道呈现出无法解释的特征。

最终，一位数学家而不是天文学家发现了这颗行星，即海王星。1846 年，法国数学家奥本·勒维耶利用牛顿万有引力定律准确地预测了海王星的位置。此后不久，德国天文学家伽勒证实了这一点。因此，正如物理学家弗朗索瓦·阿拉戈当时著名的评论所言，勒维耶不是用望远镜，而是用"他的笔尖"发现了一颗行星。尽管此时，牛顿已经去世 100 多年，但牛顿万有引力定律的正确性最终得到了证实。

事实确实如此吗？勒维耶在分析天王星的轨道时，还试图通过数学解释天文学家之前在研究水星轨道时发现的一些微小、几乎不可察觉的扰动。勒维耶的理论认为，这些扰动也可能是由一颗尚未发现的行星所导致的，甚至这颗未被发现的行星暂时被命名为"火神星"，但是人们从来没有真正探测到"火神星"。事实上，它根本就不存在。根据牛顿万有引力定律，有人提出了其他的理论解释，但都未被认可。

1916 年，爱因斯坦为验证他的广义相对论设计了 3 个物理实验，其中之一就是尝试解答勒维耶 70 年前所面临的问题，即水星轨道上无法解释的扰动。爱因斯坦的广义相对论用时空曲率形式来描述引力，这个理论确实是普适的，从黑洞到行星，再到牛顿的苹果，都可以用它来解释。对行星来说，牛顿万有引力理论和广义相对论之间的背离（或差异）通常可以忽略不计，但对于黑洞和中子星来说，这些背离会产生显著影响。因此，离我们巨大的太阳最近的行星——水星，其轨道的"异常进动"就不能用牛顿万有引力定律来计算了。牛顿万有引力定律解释水星运动产生的偏差很小，但确实存在。爱因斯坦的广义相对论的确可以解释水星的反常运动，1916 年，他对此给出的阐释，有力地证明了广义相对论的正确性。

　　但以上所有这些，都不能削弱牛顿在该领域以及其他方面的贡献。牛顿在写给他的竞争对手罗伯特·胡克的一封信中曾有一句名言："我看得更远，是因为我站在了巨人的肩膀之上。"即使在今天，牛顿仍然是一个巨人，他的肩膀继续支撑着大量的科学研究。

02.

成绩都在平均分之上

$$\phi(x) = \frac{1}{\sqrt{2\pi}} e^{-\frac{x^2}{2}}$$

标准正态分布，或"钟形曲线"

该概率分布函数 $\phi(x)$ 的期望值为 0，标准差为 1，当用竖轴表示 $\phi(x)$ 的值、横轴表示 x 的值时，函数图像呈现为我们熟悉的钟形曲线。$\phi(x)$ 的峰值（或最大值）出现在 $x=0$ 时，曲线描述了所谓"正态分布"的数据统计分布情况。期望值不为 0、标准差不为 1 时，方程的形式稍复杂一些。标准差的大小决定了钟形曲线的宽窄，标准差越大，曲线越宽。

一场篮球比赛中，一名球员的得分是其以往平均成绩 2 倍的可能性有多大？此时出生的婴儿，活到 100 岁的可能性有多大？如果嫌疑人 DNA 中的某些标记与在犯罪现场发现的标记相符，那么罪犯另有其人的可能性有多大？

诸如此类的问题都属于概率论的范畴，其概率都可以用钟形曲线来描述。钟形曲线又被称为正态分布或高斯分布等。当我们说一组数据或信息符合钟形曲线时意味着什么呢？例如，我们说美国成年男性的平均身高大约是 5ft10in（1ft＝12in，1in＝0.025m），这并不意味着所有美国男性的身高都是 5ft10in，有些人要矮得多。如果用横轴来表示身高，纵轴表示对应该身高的美国男性的人数，那么我们就可以绘制出一条钟形曲线。

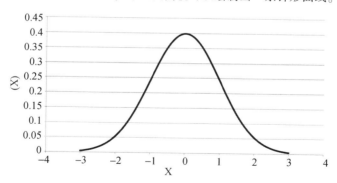

图 1　标准正态分布，或"钟形曲线"

为绘制图 1 所示的钟形曲线，对身高或其他指标，只需知道两点即可，即所绘制图形的期望值和标准差。期望值可以反映钟形曲线的峰值，标准差反映曲线从峰值向两边倾斜的缓急程度。本节方程描述了"标准正态分布"的钟形曲线，此时的期望值为0，标准差为1。再回到上述的身高例子中，美国男性的平均身高约为5ft10in，标准差约为3in，有了这两个数值，我们就可以知道美国男性身高的很多信息。例如，钟形曲线告诉我们，有约2/3（68.2%）的美国男性身高在5ft7in到6ft1in之间。就统计特性而言，均值±标准差之内的范围，涵盖了钟形曲线下方覆盖面积的68.2%。

如果约2/3的美国男性身高介于5ft7in到6ft1in之间，意味着有1/3的美国男性身高不在这个范围内，其中的一半，也就是有1/6的美国男性身高在6ft1in以上。离期望值越远，概率下降得越快。任何一个篮球迷都能告诉你，很多球员的身高都达到或超过6ft10in，但这个值高于期望值12in，也就是4个标准差大小。美国约1亿成年男性中，只有3 200人的身高达到或超过6ft10in。如果你随机挑选了31 000个美国男性，平均而言，你会发现其中只有一个人的身高达到或超过6ft10in。

钟形曲线经常应用在学校教育中，例如，学生们经常会问："一次考试或一门课程是否会按照'曲线'来进行评级？"学生和教师普遍对考试的曲线评级存在一定误解。曲线评级是一种相对评级，而不是绝对评级。还记得你的驾照笔试吗？假设你所在的地区要求70分才能通过考试，这是一个绝对标准，如果你考69分，就拿不到驾照。但如果是对这项测试进行曲

线评分呢？如果只是要求你的分数高于同一天参加考试的所有
人的平均分，而不是按照 70 分的绝对标准，那么情况会如何
呢？如果平均分是 62 分，你得了 69 分，那就可以通过测试。
但如果平均分高于 69 分，那你就不能通过测试。通过测试的
标准不再是绝对的，而是取决于其他人的表现。

　　当一个"通过/不通过"型测试采取绝对评分方式时，有
可能每个人都能通过测试，或者相反，即大家都通不过。但采
取曲线评分方式时，总是有一些人通过（高于平均水平），而
另一些人通不过（低于平均水平）。当按照字母等级（A、B、
C、D、F）来进行曲线评级时，同样的相对评分机制也适用，
得分接近平均水平的人评定为 C，而其他等级则分布在平均水
平两侧。因此，对于一个严格按照曲线评分的测试，A 和 F 总
是一样多，这是许多学生不愿意看到的一个事实。加里森·凯
勒的"乌比冈湖效应"指出，现实中人们都会觉得"自己孩
子的表现高于平均水平"，但在一个采取曲线评分方式的测试
中，情况显然并非如此。

　　毫无疑问，钟形曲线是数据统计分布中最重要的方法。很
多事情都自然地遵循钟形分布曲线，以至于人们很容易误认为
钟形曲线适用于所有情况。但事实上，并非所有数据都遵循钟
形曲线，例如，各种类型组件（例如计算机中的冷却风扇）
的使用寿命往往不遵循钟形曲线。冷却风扇的寿命是一个扭曲
的钟形，曲线在短寿命的一侧变形，在长寿命一侧有一个较小

的"尾巴"。

遵循钟形曲线与非钟形曲线的数据有什么不同呢？两者差异很大，并且取决于具体问题。例如，当研究人员评估一种新药物的降压效果时，通常会针对这种药物进行临床试验，一些人服用该药物，另一些人则服用安慰剂。在最终评估中，结果的统计分布是一个极其重要的信息，如果数据服从"正态分布"（即它们遵循钟形曲线），则可以使用分析钟形曲线的特有手段对结果进行评估。药物是否有效很大程度上取决于数据的分布状态。

棣莫弗（1667—1754）在1733年率先发表了关于钟形曲线的理论。后来，出现了很多重量级人物，如拉普拉斯、高斯、加尔顿、麦克斯韦等，钟形曲线这一概率论和统计学中的重要概念之所以能够得以发展和应用，这些人发挥了举足轻重的作用，他们的名字，特别是高斯，至今仍然广为人知。但棣莫弗的名字已基本被人遗忘了，这并不奇怪，作为一名博弈大师，他本人很可能早就预测到了这一点。

03.

神秘微笑的女人

$$\frac{a+b}{a} = \frac{a}{b} = \frac{1+\sqrt{5}}{2} = \phi$$

黄金比例 ϕ

一个长边和短边分别为 a 和 b 的矩形，如果 a 和 b 的比值约为 1.618，这个矩形就是所谓的"黄金矩形"。

帕特农神庙的尺寸、树枝排列的距离、蒙娜丽莎脸部的比例，以及 DNA 分子的几何结构，它们之间有何相似之处？确切地说，这些事物中都蕴含了"黄金比例"，一个既美丽又神秘的几何比例。事实真相如何？这个比例到底是对自然和审美精确的数学反映，还是数学家或其他发明了这个精致公式的人的一厢情愿？

　　首先要介绍的是，黄金比例通常用符号 ϕ 表示，这是一个希腊字母，读作"phi"，黄金比例等于（$1+\sqrt{5}$）／2，约为 1.618。如果画一个长宽比例为黄金比例的长方形，即长边是短边的 1.618 倍，就得到一个黄金矩形。值得注意的是，长和宽分别为 8 和 5 的矩形非常接近黄金矩形（误差在 1% 以内）。

　　黄金比例、黄金矩形具有不可思议的数学性质。例如，如果从 $a×b$ 的黄金矩形中去掉一个 $b×b$ 的正方形，则剩余的小矩形（$a-b$）$×b$ 仍然为黄金矩形。按此方法从这个新的小矩形中再去掉一个正方形，则剩余部分仍然还是黄金矩形，循环往复，无穷无尽。构造一个黄金矩形很简单，如图 2 所示，可以利用尺子和圆规分三步完成：第一步，绘制一个正方形；第二步，连接一条边的中点与该边所对的任意一个角可得到一条线段；第三步，以这条线段为半径，用圆规绘制一段圆弧，该圆弧与原正方形一条边的延长线相交得到一个点，该点即为黄金矩形的一个角的顶点。

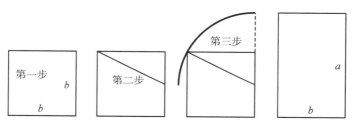

图 2　由正方形构造黄金矩形

黄金比例还有其他各种各样有趣的数学性质。事实上，关于黄金比例的数学理论已得到普遍认可。数学领域对黄金比例的关注至少可以追溯到毕达哥拉斯时代，之后，由欧几里得给出第一个显式定义。

此后较长一段时期，黄金比例开始以其他形式出现，特别是在某些非数学领域，如今已广为人知。例如，达·芬奇是否按照黄金比例对蒙娜丽莎的各个部分进行了比例设计？

19 世纪 60 年代，德国物理学家、心理学家、现代心理物理学之父古斯塔夫·西奥多·费希纳可能是尝试对黄金矩形在审美方面的吸引力进行量化研究的第一人。在实验中，他要求受试者从 10 个矩形中选出最漂亮的一个，这些矩形有的是正方形，有的高而窄，比例不等。超过 3/4 的受试者选择了黄金矩形或其他两个与黄金矩形比例最接近的矩形。另外 7 个矩形代表了两个极端（正方形或高而窄的矩形），受试者选择这些矩形的比例不到25%。

费希纳的实验证实了要么黄金矩形本身蕴含的美感，要么在给定选择范围时人们往往会避开极端选项。费希纳时代以来，无数试图证明或反驳他的尝试大多不尽如人意，研究人员普遍认为黄金矩形在美学上没有什么特别之处。

许多研究声称，黄金比例或黄金矩形隐藏在各种事物中，如达·芬奇的绘画作品以及诸如帕特农神庙或埃及大金字塔等建筑奇观的尺寸。后来的研究人员更倾向于认为，其实并没有令人信服的证据表明，达·芬奇及很多建筑大师有意无意地在他们的作品中应用了黄金比例。或许只要足够用心和耐心地在一幅绘画作品或一个建筑物中搜寻某种几何模式，如某种尺寸或比例，那么就一定可以找到与目标几何模式相似的部分。由于任何测量都不可能是精确无误的，这些误差为计算比例和寻找这些几何模式提供了一定的容错余量，在某种意义上，这也帮助了那些致力于寻找此类几何模式的人。

如果致力于在艺术作品和建筑设计中寻找黄金比例这件事儿令人难以捉摸，那么在自然界中的情形又如何呢？一个人的身高除以肚脐的高度，结果通常接近黄金比例。鸟类、昆虫和其他生物身上也有类似的情况，这类研究似乎与上述问题相同。测量的结果不可能精确无误，因此，我们可以在各种各样的生物中找到无限多的目标尺寸或比率，只要不辞辛劳，几乎可以肯定的是，你一定会在某个地方找到黄金比例，或者其他你想要的东西。

04.

长颈鹿的抗荷服

$$\frac{1}{2}\rho v^2 + \rho gh + P = 常量$$

不可压缩流体的伯努利方程

假设流体中某一给定点的速度是 v，高度为 h，压强为 P，则 v、h、P 这三个值随着位置改变而发生变化。其中，ρ 为常数，代表流体的密度；g 为重力加速度常数。该方程适用于不可压缩流体。伯努利方程一般用于描述不可压缩流体的性质，少数情况下也适用于气体（可压缩），例如马赫数（流体速度相对于声速的倍数）小于 0.3 时。

　　工程学教授在讲授流体力学时，通常会向学生提一个问题：哪种陆地动物的心脏最大？最常见的猜测是大象（这也是教授最希望听到的答案），我们这位博学的朋友让学生陷入他的圈套，然后他再充满热情地告诉大家，拥有最大心脏的不是大象，而是长颈鹿。这是一个很棒的故事，也有一些流体力学方面的合理解释，但事实并非如此。关于长颈鹿心脏大小的谬误，可能源自一些陈旧和片面的数据，这个故事我们稍后还会提及。

　　不过，我们首先应该注意到，虽然长颈鹿的心脏可能不是最大的，但它的血液循环系统确实包含了许多特殊功能，所有这些功能都是为了让这个如此不寻常的物种存活下来。暂且不考虑"最大心脏"问题，我们先来为流体力学卖一个关子：长颈鹿和战斗机飞行员有什么共同点？答案是他（它）们都穿了一件"抗荷服"，这样可以保证在高速运动中不会晕厥。长颈鹿的抗荷服是与生俱来的，而飞行员身上的是人造的。

　　丹尼尔·伯努利（1700—1782）不会对长颈鹿的抗荷服感到惊讶，也不会因为这个世界上个子最高的动物，它的循环系统具备如此特殊的功能而吃惊。这位瑞士科学家、数学家在若干领域都作出了具有开创性和极其重要的贡献，其中最著名的当数流体力学领域。心脏本质上是一个泵而已，它泵出液体——血液，遵循伯努利200多年前所阐明的规律。

从流体力学的角度来看，长颈鹿所有问题的根源在于这种优雅的食草动物的身高。成年长颈鹿的身高一般在 14～17ft 之间，雌性平均体重1 800 lb（1lb≈0. 045 4 kg），雄性平均体重2 600 lb，关于长颈鹿拥有最大心脏的讹传可追溯到 20 世纪中期的某些粗略的数据。2009 年，一项基于对 56 只长颈鹿的研究发现，长颈鹿心脏的平均重量约为其体重的 0.5%，这一比例与大多数哺乳动物的情况大致相同。然而，虽然长颈鹿的心脏可能并不是格外大，但心壁却异常的厚。成年长颈鹿的左心室壁厚度可以超过 3in！这比长颈鹿体重同级别动物的平均水平要厚得多。之所以这样，是有充足缘由的。

对于长颈鹿、人类或其他生物来说，心脏最重要的工作是维持大脑充足的血液供应，没有足够的血液将氧气输送到大脑，生物个体就会很快晕厥。几乎每个人都有体验，久坐后突然站起，就会感觉头昏眼花。头部快速向上运动使心脏很难在一瞬间向大脑提供足够的含氧血液，结果导致大脑轻微损伤，从而产生头昏眼花的感觉。一个更极端的例子是，当战斗机飞行员在飞机上执行一个极具挑战性的动作（如急加速）时，会令大脑陷入时间更长、更为严重的缺氧状态，导致飞行员暂时晕厥，有时甚至会产生灾难性后果。

因此，喷气式战斗机飞行员的抗荷服（英文为 g-suit，其中的 g 代表重力）应运而生。抗荷服是一套紧身裤，配有柔软的气囊。当飞机经历较大加速度时，身上的传感器会迅速向抗荷服内的气囊反馈，增加飞行员腹部和腿部压力，这种外部压力可以缓解超重状态下飞行员作业时血液聚集在下半身而产生的不良反应，对防止意识丧失非常有效。长颈鹿的头部和小腿之间的距离很长，所以需要一种类似的机制，因此，长颈鹿的小腿覆盖着一层非常厚实、紧致的皮肤，与飞行员的抗荷服非常相似，只是长颈鹿的抗荷服一直处于激活状态。

想象一下一条从地面垂直向上延伸长达 17ft 的血管，简单起见，假设血液不流动（即 $v=0$），那么，方程两边同除以 ρ，此时的伯努利方程中，第一项 $v^2/2$ 为零；第二项 gh，g 为重力加速度，h 为高度；第三项 P/ρ，P 为压强，ρ 为血液密度。伯努利方程显示，这三项之和在某种条件下保持不变。现在来看这一条长 17ft 的血管上下两端分别是什么情况，由于第一项为零，且血液密度保持恒定，由伯努利方程可知，血管底端的压力必须要比顶端大很多，才能弥补 gh 项（高度）带来的差距。为了应对这种巨大的压力，长颈鹿进化出了上文提到的内置抗荷服，这解释了长颈鹿的心壁为何如此之厚。虽然心脏的位置比小腿要高得多，但成年长颈鹿的头部还要高出心脏 6ft 或更多，因此，小腿实际承受的静压力还要更大一些。

上面的讨论并没有考虑长颈鹿头部运动时的情况，例如，当长颈鹿低下这距地面 17ft 的头到溪流中喝水，喝完之后再抬起，这个过程中的压力变化如何应对？为了适应这个过程，长颈鹿的循环系统进化出一些精巧的机制来处理这些日常情况，但是，这些机制中并不包括"一颗很大的心脏"。

05.

电力之战

$$U\ (t)\ = U_{\text{peak}}\sin\ (\omega t)$$

交流电压公式

方程中，交流电的电压 U 随时间 t 呈正弦变化。其中，ω 为角频率，U_{peak} 为峰值电压。遵循这个方程的交流电被称为正弦波电流，还有三角波或方形波等其他类型的交流电波形，这些波形也会出现在某些应用场景中。

坦白地讲，现代世界的运转建立在交流电（AC）的基础之上。从吸尘器到冰箱，从烤箱到电视，几乎所有的家用电器都使用交流电。从电力公司接入家庭的电线和城镇预埋的电线，传输的都是交流电。然而，现代世界的运转同时也离不开直流电（DC），汽车的电力系统采用的是直流电，所有的便携式电子设备，如 iPad、笔记本电脑、手机和数码相机，采用的也都是直流电。如今，无论是交流电还是直流电，我们更倾向于根据不同应用场景，因时因地选择最合适的一种方式。但过去并非如此，交流电和直流电为抢占电力行业的主导地位曾一度陷入激烈的电力争夺战中。现在，让我们回到托马斯·爱迪生、乔治·威斯汀豪斯所处的时代，那是一个电力角逐的时代。

如果随便请一个美国人讲出一位著名发明家的名字，得到的答案很可能会是托马斯·爱迪生，尽管这位"门罗公园的巫师"在 1931 年就已经离世了。作为留声机和第一个实用电灯泡的发明者，爱迪生拥有 1 000 多项美国专利，他还开发和部署了世界上第一个配电系统，该系统采用直流电。爱迪生在 1878 年发明了白炽灯泡，为了使电灯实用化，他意识到需要一个系统将电力分配到各个家庭和企业。1882 年，他推出了世界上第一个电力系统，为曼哈顿的 59 个客户提供 110 V 的直流电。

另一位美国天才发明家、商人乔治·威斯汀豪斯也是电力系统开发的主要参与者。威斯汀豪斯生于 1846 年，比爱迪生大一岁。1869 年，威斯汀豪斯发明了一种用于列车制动的压缩空气系统，可以使列车工程师能够同时制动所有车厢，这标志着列车安全的巨大进步，现代列车使用的制动系统也是基于该系统的改进。当爱迪生在曼哈顿开发他的直流配电系统时，威斯汀豪斯已经对电力产生了浓厚的兴趣。他分析了爱迪生的直流配电系统，发现了它存在的缺点，即爱迪生的低压直流电效能低下，特别是为大型社区远距离供电时，该系统还必须要求每隔几个街区就配备一个发电厂。

在电力传输过程中，电功率 P 等于电流 I 与电压 U 的乘积（$P = IU$）。有时，我们可以用瀑布来类比和解释电流与电压的关系，即瀑布的流量相当于电流，瀑布的高度相当于电压，如果将瀑布的高度增加一倍，流量减半，则原有功率保持不变。

爱迪生的直流配电系统工作电压为 110 V，以满足家庭和企业用户的灯泡对电压的要求。要保证足够的功率，在 110 V 电压下传输电力需要较大的电流。遗憾的是，这会导致严重的电能损耗，即电力传输过程中导线产生热量而造成能量损耗，该损耗与电流的平方成正比。如果将电流提升 1 倍，那么损耗的能量就会增加 4 倍，在当时，这是一个客观的共识，爱迪生对此无能为力。他希望在较高的电压和较低的电流下更加有效地传输电力，但更高的电压与客户的需求（灯泡）并不兼容，为此，爱迪生没有控制直流电压的可行方案。能够简单而经济地调控电气系统中的电压，这正是交流电的巨大优势所在。

交流电的电压随时间而变化，本节方程展示的是交流电的一种常见形式，其中，电压按正弦方式正负交替变化。1881年，人们验证了第一台实用交流电变压器的可行性。这是一种简单的装置，实现了交流电压可变性。大多数现代电力传输系统中，电力产生之后（例如，通过燃烧煤炭产生的热量驱动发电机涡轮装置旋转），变压器将电压提升到非常高的水平（通常为千伏数量级），这样，电力就可以有效地（低电流水平下）实现远距离传输。在电线的另一端，另一个变压器将电压降低到用户要求的水平。美国的标准电压为120V，世界上大多数区域使用的电压是220 V 或230 V，这就是为什么在美国使用欧洲的吹风机，如果没有经变压器降压，吹风机可能会烧毁。

1886 年，威斯汀豪斯在马萨诸塞州建造了第一个交流配电系统，该系统可根据应用需求，利用变压器来控制电压。威斯汀豪斯克服了交流配电系统的两大技术难题：一是测量电力交付给客户端时的功率；二是解决了交流电与电动机的兼容问题。他获得了世界上第一台交流电机的使用权，该电机由杰出的塞尔维亚发明家尼古拉·特斯拉取得相关专利。特斯拉曾为爱迪生工作过，众所周知，两人在技术问题以及特斯拉微薄的待遇问题上发生了争执并因此分道扬镳。后来，爱迪生说，他犯过的最大错误就是忽视了特斯拉所做的工作。

19 世纪 80 年代末，威斯汀豪斯迅速而持续地推广其交流配电系统，这与爱迪生早期的直流电计划形成直接竞争关系。现在，我们可以通过一个人所经历的科技战来判断他的大致年龄。如果是一位年轻人，他还会知道八轨音带和卡式磁带之争吗？Betamax 对 VHS 呢？或者蓝光对 DVD 呢？爱迪生的直流电和威斯汀豪斯的交流电之战应该是它们的鼻祖。如今重新审视这段历史，很明显爱迪生一定意识到了他的系统处于劣势，但这并没有阻止他荒谬地、极尽所能地诋毁交流电，威斯汀豪斯亦然。

爱迪生反对交流电的焦点是它的安全性。如今，很多地方电刑已基本上被注射死刑所取代，但美国的几个州，电刑仍然是处决死刑犯的手段，实际上这就是这场电力之战的一个产物。爱迪生反对死刑，但他的个人信仰并没有阻止他实施一个旨在让威斯汀豪斯名誉扫地的骇人计划。如果要凸显交流电的危害性，还有什么能比让交流电成为处决死刑犯的手段更好的方式呢？爱迪生最终成功地推动将交流电作为处决刑具，并试图推广一个自创的名词——"Westinghoused"，即把威斯汀豪斯的名字变成一个专有词汇，用来指代"被处以电刑"，但最终未果，我们并没有将受电刑而死的人称为"Westinghoused"。

幸运的是，直流电的主要技术缺陷，即无法改变电压的瓶颈最终还是被人们攻克了。电压转换技术稳步持续发展，到2014 年，高压直流输电的优势压倒了常规交流输电，并得以广泛使用，特别是在远距离输电条件下。也许爱迪生可以释然了。

06.

多普勒效应

$$f' = f_s \left(\cfrac{1}{1 - \cfrac{v_s}{v}} \right)$$

多普勒效应

一个相对静止观测者观测以速度 v_s 运动的声源，观测到的声波频率 f' 可根据声源的实际频率 f_s 和声音的传播速度 v 来计算得出。如果声源逐渐远离静止观测者，则上述方程中的负号变为正号；当声源静止，而观测者运动时，这个方程变为另一种不同的形式。

美国物理学会出品过一个鲜红色的保险杠贴纸，上面写着："如果看到这个贴纸是蓝色的，说明你的车开得太快了。"物理学家们看得懂这个笑话，因为这就是著名的多普勒效应。

我们多是通过耳朵，而非眼睛来体会多普勒效应的。当你驻足人行道，一辆消防车伴着警笛声从身边呼啸而过时，你会听到警笛的音调明显下降，远离时的声音与接近时的声音不太一样，这就是多普勒效应。但你能注意到消防车鲜红的颜色也会发生变化吗？正如声音会发生改变一样，卡车的颜色确实也会变化，这两种情况都归因于多普勒效应。我们可以发现声音的改变，但还没有谁能拥有一双通幽洞微的眼睛，强大到可以发现消防车极其微小的颜色变化。

1842 年，奥地利物理学家克里斯蒂安·约翰·多普勒（1803—1853）首次对多普勒效应进行了阐述，其中频率是一个核心因素。他应用这个如今以自己名字命名的效应，根据恒星相对于地球上观测者的速度来解释恒星的颜色，当时还没有涉及声波的多普勒效应。声波因观测者和声源的相对速度而改变音高，光波以类似的方式改变颜色。音高和颜色分别是我们感知声波频率和光波频率的函数。把鹅卵石扔到平静的池塘里，产生的波浪会在水面上由中心向外扩散，单位时间内通过水面上给定一点的波峰数量就是波的频率。假设此时你坐在一条船上，朝着鹅卵石落水处的水面驶去，会发现通过的水波频率在增加，这可以由多普勒效应来解释。同样，如果船朝相反的方向移动，通过的水波频率会降低。

声和光的本质都是波，这些波的频率与池塘表面的水波类似。声音是振动的空气分子形成的波，我们的耳朵可以感知声波的不同频率，大脑将它们解释为音调的差异。光也有波的特性，对光来说，频率的差异体现为颜色的差异。

多普勒研究的是光波，他关注恒星和行星的相对运动，但他的研究成果很快被其他人推广到声波。1845 年，荷兰物理学家、气象学家白贝罗组织了一次历史上著名的实验，火车上一群号手同时吹奏同一个音符，并经过车站站台上的一群静止不动的观测者。正如所预测的一样，当火车接近站台，然后又驶离后，观测者们听到的音调发生了变化。

在多普勒效应中，所谓探测频率是指观测者所感知的（运动）波源辐射波的频率，利用上面的方程，探测频率 f' 可以由波源自身的频率 f_s 计算，v 代表波在介质中的传播速度（在下面的音叉示例中，即空气中的声速），v_s 是声源相对观测者的速度，如图 3 所示，通过这个方程可以计算出观测者所感知到的频率 f'。

假设我们站在路边，一辆顶部装有 A440 型音叉的汽车以 31.3 m/s 的速度驶来，我们知道，声音在空气中的传播速度是 343 m/s，把有关数据（$f_s = 440$ Hz，$v = 343$ m/s，$v_s = 31.3$ m/s）

代入方程会发现：当音叉以 31.3 m/s 的速度接近你时，440 Hz 音调的实际检测频率约为 484.2 Hz；当音叉远离你时，多普勒效应预测的检测频率将下降到 403.2 Hz。

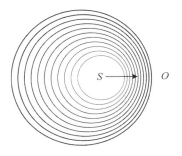

图 3　声源（S）接近静止观测者（O）时的多普勒效应示意图。
可以看出，到达观测者的声源检测频率大于其实际频率

在这个例子中，440 ~ 484.2 Hz 的频率偏移量，有一个半音还不止。人类耳朵可以清楚地感知到比这个频率偏移小得多的变化。例如，钢琴上第 49 个键（中央 C 之后的下一 A 键）的频率为 440 Hz，它两侧的按键频率分别为 466 Hz 和 415 Hz。

我们示例中的音叉在接近和远离观测者时的声音各不相同，任何具备正常听力的人都会感觉到这一差异。但如前所述，多普勒的研究也告诉我们，当车辆先向我们驶来，然后又迅速驶离的过程，它的颜色会发生变化。我们的耳朵可以辨别差异，为什么眼睛不行呢？这是因为光波的传播速度比声波快得多。[#]光在空气中的传播速度约为 3×10^8 m/s，大约是声音在

[#]光波的多普勒效应方程形式稍复杂一些，但是，定性分析的结果与本实验中的声波示例相同。

空气中传播速度的 100 万倍。在音叉例子中，多普勒效应公式中 v_s 约为 v 的 10%（如前所述，这导致了超过一个半音的频率偏移），但是，对光波频率的变化，v_s 与 v 之比只有千万分之一左右。人类的眼睛无法察觉如此微小的变化，但很多人造仪器具备这个敏感度。

多普勒效应在很多仪器中有着广泛应用，包括广受欢迎的警用雷达测速仪。测速仪利用的多普勒效应波源不是声波或可见光波，而是微波。微波频率比声波大得多，速度快得多。例如，测速仪的工作频率可以达到 10^{10} Hz 或每秒重复变化 100 亿个最小周期。它们的工作原理相对简单，测速仪通常是手持装置，将一束微波射向目标，微波以光速传播，车辆速度与微波速度相比微不足道。假设车速为 31.3 m/s，换句话说，微波的传播速度是汽车的近 1 000 万倍。因此，微波碰到高速行驶的汽车后，反弹回到雷达测速仪，测速仪捕捉到反射波并测量其频率，再利用多普勒效应引起的频率偏移可以计算出目标的移动速度。因为汽车的速度比光速小太多，所以频率变化也非常小。尽管如此，精确测量这种微小的频率变化已经不是什么特别难的事情，而且已经有很多年的历史了。早在 1954 年，美国警方就首次使用这种技术来对付超速汽车。克里斯蒂安·约翰·多普勒应该会引以为傲吧。

07.

这条牛仔显胖吗?

$$\text{BMI} = \frac{\text{体重}}{\text{身高}^2}$$

体重指数计算公式

体重指数(BMI)是指成年人的体重(单位为 kg)与其身高(单位为 m)平方的比值。按照美国惯用的计量单位,计算 BMI 时需要做相应的单位变换,即如果身高和体重分别采用 in 和 lb,上面的公式还需要乘常数 703。

大法官波特·斯图尔特有句名言："可能很难给淫秽下一个严格的定义，但只要看到它，我就能作出判断。"关于超重问题，与此类似，亲眼所见时，我们就知道是不是超重了。但与淫秽不同，我们可以对超重与否做出量化描述，这就是体重指数。有时候，只需知道身高和体重，体重指数就会得到结论，即你属于正常、偏轻、超重，还是肥胖。

早在 1870 年，比利时统计学家、天文学家、数学家阿道夫·凯特尔（1796—1874）就提出了 BMI 的计算公式。在该公式中，体重以 kg 为单位，身高以 m 为单位，这是原始公式采用的单位。如果采用美国的惯用单位来计算体重指数，则需要乘一个常数 703。即，$BMI = 703 \times \dfrac{体重}{身高^2}$（体重单位：lb；身高单位：in）。

凯特尔当初试图仅用体重一个数据对其进行分类，但只有体重一个信息时，很难对体重的合理性做出判断。体重 180lb 的人可能偏轻，也可能正常，或者超重，甚至肥胖，这还取决于此人的身高。认识到这一点，凯特尔开始结合身高信息，寻找一个公式来评估体重分类。他发现用体重除以身高的平方来权衡身高的差异是合理的，这个比值可以用来对人们的体重情况做出比较。然而，他的体重指数公式在理论上没有任何依据，但这并不妨碍其有效性。有人认为公式中的指数 2 可能太小了，也许接近 2.6 时更为合理。使用 2 可能是由于整数应用起来比较方便，在电子计算器出现之前，计算一个数的平方要比计算它的 2.6 次幂要容易得多。

不管怎么说，凯特尔指数 BMI（现在通称体重指数）后来开始流行起来。如今，保险公司有时使用 BMI 来确定健康保险的风险类别。例如，如果一个人体重指数属于"肥胖症"级别，那么他的保险费用可能要比一般人高一些。研究人员还使用 BMI 来研究体重与各种事物的关系，如收入、教育程度或出生地等。BMI 并非没有争议，特别是在划分体重为正常、超重或肥胖的时候。

根据迈克尔·乔丹的数据：身高 6ft6in，体重 215lb，可以计算出他的体重指数接近 25，正好处于"正常"和"超重"的分界线，如果说这位被誉为"世界上最伟大的篮球运动员"体重超重，这显然有些问题，"空中飞人"的绰号可不是浪得虚名的。同样，塞雷娜·威廉姆斯的体重指数约为 26，赫然处于"超重"之列，那么作为有史以来最伟大的女子网球世界冠军之一，能够像猫一般在赛场上敏捷地进行攻防转换，这是超重吗？显然不是。但是，换作另外一位和塞雷娜身高和体重相仿（5ft9in，175lb）、身材苗条但很少运动的女性，则可能确实属于超重。

很明显，单纯通过体重指数来判断超重与否是不够的。运动员往往比普通人拥有更多的肌肉，体重指数也会更高，因为

33

肌肉的密度要更大一些。老年人往往随着年龄的增长而变矮，这会导致他们的体重指数增加，即便他们的体重没有任何变化。最佳体重的标准随年龄而变化。BMI 最初是为年轻人到中年人这个阶段设计的，对儿童和老年人的情况需要做出修正。研究人员在利用 BMI 从事其他研究时，多次告诫大家不要脱离生活方式、年龄、体型和其他一些相关因素去滥用 BMI 对个人进行分类。至少就"扩大化"使用方面而言，BMI 指数与其他各种量化人类复杂现象的指标情况差不多。智商或 IQ（见 "35. 自作聪明"），设计之初是一种小范围内使用的类似测量方法，但如今被不合理地应用到数不胜数的场合，BMI 的使用情况可能也是如此。

体重指数并不是衡量一个人是否超重的唯一方法，体脂率、皮褶厚度测量或水下测重这些方法都是有效的。遗憾的是，这些测量方法操作起来更复杂，而 BMI 则非常容易计算，因此，它一直沿用至今，而且使用在了许多不该使用的场合。

很多人都通过新闻报道接受了一个现实，即美国这个国家的人民变得越来越胖。这个结论背后的统计数据很可能就是基于 BMI 的。例如，20 ~ 74 岁，超重美国人（BMI 大于 25）的比例从 1960—1962 年的 45% 上升到 1999—2002 年的 65%。在同期的 40 年间，美国肥胖者（BMI 大于 30）比例从 13% 上升到 31%，这个数据表明，近 1/3 的美国成年人属于肥胖范畴。6 ~ 11 岁的超重儿童比例从 1963—1965 年的 4% 上升到 1999—

2002 年的 16%。BMI 可能不是一个完美的测量指标，但这一组数据为美国人民敲响了警钟。时任第一夫人的米歇尔·奥巴马曾发起一个 "Let's Move" 计划，旨在呼吁美国青少年合理运动，减少肥胖。第一夫人将之作为重要的议事日程，应该可以从某种程度上反映出肥胖问题的严重性。无论是米歇尔夫人，或者其他致力于这项事业的人，现状能否如其所愿有所改观，只有时间能给出答案。

08.

0 和 1

$$10+10=100$$

二进制算术（以 2 为基底）

二进制算术中的 10，与我们熟知的十进制中的 2 相同。二进制数的数位上只能为 0 或 1。因此，二进制中的 10+10＝100 对应十进制算术中的 2+2＝4。二进制中也有乘除法，十进制中的分数和小数也可以用二进制形式来表示。

"请回答问题，'是'或者'不是'！"地方检察官冲着证人厉声质问，要求得到一个非黑即白的答案，没有任何含糊其词的余地。在法庭冰冷的逻辑中没有灰色地带，被告要么有罪，要么无罪，不存在"模棱两可"这个选项。这里涉及的问题正是乔治·布尔和克劳德·香农的拿手好戏。

乔治·布尔（1815—1864），英国数学家和哲学家，他设计了后来被称为布尔逻辑的一套代数系统。布尔逝世后，这个系统仅仅是数学奇才发表在老旧杂志上的论文，它非凡的潜能一直被尘封在废纸堆中。在继续沉睡了70多年后，即1937年，克劳德·香农（1916—2001）在麻省理工学院完成了他的硕士论文《对继电器和开关电路中的符号分析》。香农将布尔逻辑和二进制算法结合起来，从根本上引领了现代数字电路设计的发展。哈佛大学心理学家霍华德·加德纳曾评论，香农的论文"可能是20世纪最重要的一篇硕士论文"。

黑或白，是或否，对或错，开或关，0或1，所有的现代计算设备，从笔记本电脑到手机、汽车，甚至烤面包机，都运行在基于0和1的逻辑系统之上。

"世界上只有10种人：懂二进制和不懂二进制的。"这或许是史上最书呆子气的一条T恤标语。这是关于二进制的一个幽默，10在二进制中和十进制中的2一样。

在本书的前言部分，我们曾提到开尔文勋爵半开玩笑地给数学家下过一个定义，即数学家眼中，某些复杂方程的解与平常人眼中 2+2＝4 一样简单。开篇提到的方程 10＋10＝100，实际上就是 2+2＝4，只不过用的是二进制算术。二进制数的每个数位只能为 0 或 1。

回想一下我们刚学习十进制数的情形，假设你生于 1985 年，在这个表示年份的数字中，5 表示有 5 个 "1"，8 表示有 8 个 "10"，9 表示有 9 个 "100"，1 表示有 1 个 "1000"。因此，1985 实际上是 $1×1000+9×100+8×10+5×1$。当从右向左看一个十进制数时，下一个数位表示的是前一个数位的 10 倍。二进制是一样的道理，只不过是 2 倍关系。将二进制转为十进制时，二进制数中最右边的一位数表示有多少个 0 或 1（0 个或 1 个），向左的下一位数字表示有多少个 2（0 个或 1 个），再下一位数字表示有多少个 4（0 个或 1 个），再下一位表示有多少个 8（0 个或 1 个），以此类推。任何十进制整数都可以表示为唯一的二进制数。分数也可以用二进制来表示，但有些复杂。

例如，十进制数 "23" 等于 $1×16+0×8+1×4+1×2+1×1$，因此，它唯一的二进制表达式是 10111，这一点儿都不难吧，或者至少计算机是这么认为的。计算机可以高效地处理由 0 和 1 组成的长串，速度快到让人难以相信。在计算机内部，所有数字都采用二进制形式。这是因为二进制数字 0 或 1 就像一个电子开关，要么开（1），要么关（0）。1937 年，当克劳德·香农在麻省理工学院撰写他的论文时，电子开关还是一种粗笨的装置。直到 20 世纪 50 年代末集成电路问世，晶体管形式的电子开关才开始微型化，不含机械可动部件，数十亿个电子开关可以集成在一个芯片上（见 10. 降价的芯片）。

所以用电子开关在硅芯片内部来表示数字很方便，甚至是大到你无法想象的数字，二进制数被表示成一系列或开或关的电子开关。用二进制表示数字只是我们这个故事的一个插曲，我们接着讲乔治·布尔和克劳德·香农。布尔发明了 0/1 布尔系统，香农在多年后意识到 0/1 布尔系统可以应用到电路中。最初是用于解决电话交换电路的简化问题，但香农证明了电路也可以用来解决布尔逻辑问题。

我们举一个例子，假设某大学有位富裕的校友，想给一位女学生提供奖学金，给出的前提是必须已婚，而且是一位退伍军人，同时正在主修生物学或者化学。接下来学校需要列出一份所有符合条件的学生名单。这里涉及的每一个条件都可以用二进制形式来表达。是否为女性？是否已婚？是否为退伍军人？是否为生物专业？是否为化学专业？要获得这份奖学金，除了最后两个关于专业的问题外，其他几个问题的答案都必须为"是"，最后两个问题中，只要有一个答案为"是"，那就可以了。这个数据库搜索的逻辑语句可能表示为（女性）&（已婚）&（退伍军人）&（生物或化学），这里使用的是

"&"的形式逻辑（或布尔）定义，即 & 逻辑运算结果为"真"，当且仅当连接的两部分同时为真，包括"或"（"或"连接的两部分中，只要有一个逻辑值为"真"，"或"运算的结果就为"真"）。

计算机数据库软件的作用就是执行这种逻辑搜索，并且能够在很短的时间内找到全校符合奖学金条件的学生名单。能够获得奖学金的幸运儿，除了要感谢富有的捐赠者，当然还要感谢乔治·布尔和克劳德·香农。

09.

海啸

$$y = a \sin\left(\frac{2\pi}{L}(x - ct)\right)$$

随时间 t 变化的正弦波方程

方程中，y 和 x 分别是波上任意给定一点的纵坐标和横坐标，a 是常数，它的值等于波峰到波谷距离的一半，L 是连续两个波峰之间的距离，c 是波速。

2004 年以前，相信我们大多数人对海啸的成因及其破坏力还没有太多认识。直到 2004 年 12 月 26 日，印度洋海啸造成了约 23 万人死亡，这是人类历史上造成死亡人数最多的一次海啸，也是有史以来死亡人数最多的十大自然灾难之一。2011 年 3 月，日本东北海岸大地震，地震及其引发的海啸造成数千人死亡，也引发了人类核电工业史上的第二大事故（第一大事故为切尔诺贝利核泄漏），福岛核电站的某些反应堆在地震和海啸中遭到了严重破坏。

所有这些，可能都是由海洋中部某个高度可能不足 1ft 的海浪引发的。那么，海啸为何会有如此巨大的破坏力呢?

根据《美国传统词典》解释，波是一种"在介质中传播的扰动，能量从介质中的一个粒子传递到另一个粒子，而不会导致介质本身发生永久性位移"。波可以通过各种不同的介质传播，这里关注的是水中的波。上面的定义指出，能量在没有造成"介质本身永久性位移"的情况下传递。你有没有在船上感受波浪运动的经历? 它给人造成一种错觉，波裹挟着水，沿着水面做水平运动，但其实并非如此。我们可以从船上看出端倪，船体在每一个波浪经过时上下摇晃，但它在水平方向，也就是波看起来前进的方向上实际位移很小。

波浪在水面上运动有点儿像多米诺骨牌，当推倒第一张多米诺骨牌时，它会撞倒第二张，后边的会接二连三地倒下。每一张多米诺骨牌在倒下时，都会把能量传递给下一张，就像波浪中的每一个水分子把它的能量传递给相邻的水分子一样。和多米诺骨牌类似，每一个独立的水分子在波浪的方向上位移很小。

当波穿过水体时，它呈现出正弦形式。在上面的方程中，y 是波上某一点的纵坐标，x 是它的横坐标，t 是时间，其他参数 a、L 和 c 共同决定一个波的特性。参数 L 是波长（或连续两个波峰之间的距离），c 是波的速度（穿过水面的运动速度），a 等于波峰到波谷的垂直距离的一半。因此，水面上未被扰动的初始点，当波在经过时，可沿水面向上运动至波峰位置 $+a$，向下运动至波谷位置 $-a$。

波浪通常是由海面或湖面上的风引起的，产生波浪的连续波峰之间的距离通常为 100ft 左右，这就是波长。相比之下，海啸的波长要大得多，可达 50～100mi（1mi ≈ 1.609km），而海啸波在海洋中部（波源位置）的高度可能只有 1～2ft，波长能够达到 50mi 或更长，但一个波长中所蕴含的水量却是惊人的。海啸波移动的速度很快，风产生的波浪，其速度一般不超过 30mi/h，而海啸波的传播速度可达 500mi/h，大致相当于很多喷气式客机的巡航速度。

海啸中大量的海水在高速运动时，蕴含着惊人的能量。当波浪冲击海岸时，能量遭遇到任何阻碍物后会疾速释放，日本录制的视频中展示过海啸带来的巨大破坏力。

去过海边的人都知道，当海浪接近海岸线时，会发生一些奇怪的事情，波速减慢，但波浪的高度增加了。风产生的波浪在海洋中可能只有几英尺高，但当它们靠近海岸时，可能会变成几十英尺高，这个在很大程度上取决于海岸线的特征。经常冲浪的人会比较有经验，有些海滩确实比其他海滩更容易产生冲浪者青睐的高浪。海啸波高速运动时，一旦接近陆地，就会构成相当大的威胁。

大多数海啸是由海底地震引发的。引起 2004 年印度洋海啸的地震，使一段长约 1 000mi 的海床侧向移动 30ft 多，向上移动的距离也达 10ft。海床的突然运动会推动巨量的海水向上运动，这就是海啸。巨大的水体被推上来，抵达水面后开始扩散，逐渐远离海底的波源。微微隆起的水面其实只是"巨大液态冰山"的一角，当波浪接近海岸时，随着海水越来越浅，波浪开始变得越来越高，速度越来越慢，这会形成双重灾难效应，当海啸波的前浪变慢、变高，并冲向岸边时，后浪仍然在快速奔涌。别忘了，海啸波长可以达到 50mi 或更长，这就是海啸可以持续肆虐数分钟的一个原因。

由于影响因素太多，所以很难准确预测海啸抵岸后的综合情况。但在深海中探测海啸波，并预测登陆地点则相对简单一些。海啸波传播时会产生微小但很容易探测的水压突变，部署在海面上的压力传感器可以捕捉到这些变化，并将警示信号通过无线电传输到波浪方向对应的地面区域。随着海啸探测和警报系统的广泛部署，以及相关应急教育的普及，使得人们守卫生命安全的能力有所提升，但海啸来临时，如何有效地保卫海岸线就并非易事了。

10.

降价的芯片

$$P_n = P_0 \cdot 2^n$$

指数函数

这里列出的只是众多指数函数的一个具体例子，本例中，P_0 是某个量的当前值，该值随单位时间的增加而成倍增长。假设时间单位是年，则 P_n 是 n 年后 P 的值。一般来说，某个量单位时间的增长率与该量的当前值成正比时，呈指数增长。在这里的例子中，由于 P 每年翻一番，它的增长率是每年 100%。

马的驯化促进了农业生产方式变革，蒸汽机的使用推动了工业革命发展。与此类似，固态晶体管的发明开创了人类的电子时代。通常认为，世界上第一个固态晶体管于 1947 年诞生于美国 AT&T 贝尔实验室。此后不久，独立封装的固态晶体管上市，但真正的电子器件革命肇始于 1958 年，人们发明了在一块硅片材料上集成多个晶体管以及其他电子器件的技术。

此后，一场一直延续到今天的竞赛随即而起，这就是不断地追逐电子设备的小型化。随着集成电路中的单个元件越来越小，越来越多的元件可以被封装到一个固定尺寸的硅制芯片中。这样发展的结果我们都能想到——电子设备的容量不断扩大，同时其体积在不断缩小。

晶体管是一种用来放大或转换电子信号的电子器件，晶体管和电阻、电容器、二极管等其他基本电子器件一样，是组成现代电子设备的基本元素，也是现代生活的基石。可以说，晶体管无处不在。据估计，2010 年全球一年的晶体管产量按全世界人口平均的话，约为每人 10 亿个。感觉确实无处不在吧？

1965 年 4 月，在集成电路诞生不久之后，芯片制造商英特尔公司联合创始人戈登·摩尔在《电子杂志》上发表了一篇论文，论文指出，芯片制造技术的进步速度似乎正在遵循一种可以量化的趋势。他宣称："集成电路上最小元件的集成度

（从大约 7 年前的集成电路诞生以来）以大约每年两倍的速率增长，并且这种趋势可能持续至少 10 年。"在此基础上，摩尔提出："这意味着到 1975 年，每个集成电路集成的电子元件数量将达到65 000个。我相信，如此庞大的一个大的电路系统可以集成在一片晶圆上。"

这是一个大胆的预测。很多人认为摩尔要么是疯子，要么是为他的产业不知廉耻地做托儿（毕竟，他自己也是一个芯片制造商），要么两者兼而有之。摩尔所预测的也就是，在 10 年的时间里，公司的业绩要提高 1 000 多倍。1965 年，摩尔和他的同事所能生产的最复杂的集成电路大概可以包含 30 左右种元件。摩尔也注意到，当时，就实现某种特定功能而言，用单个元件拼凑非集成电路的方法要比购买集成电路便宜。

我们开篇的方程其实是一种"摩尔定律"的数学描述方法（摩尔定律是摩尔的朋友、加州理工大学的卡弗·米德教授在摩尔的原文发表几年后提出的一个术语）。如果 P_0 是某个事物当前的状态（比如，1 cm^2 的芯片可以集成的电子元件数量），通过这个方程可以预测 n 年后呈指数增长的状态 P_n。在这种情况下，未来的性能等于当前性能乘 2 的 n 次方。

公式中的指数 n 表示性能每年翻一番，有些人则表示，电子设备的性能翻倍的时间要慢得多，可能是 18 个月，因此，对应的指数应该小一些。1975 年，摩尔将 1965 年的预测修正为每两年业绩翻番，在这种情况下，我们上面的方程将变成

48

$$P_n = P_0 \cdot 2^{n/2}。$$

不管怎样，摩尔定律的预测出奇准确。由于每一代计算机芯片都大致遵循摩尔最初提出的预测，故这个预测被不断地延续了下去。2008 年，英特尔公司建议摩尔定律将持续到 2029 年。一些预言家比较乐观，另外一些则比较保守。当晶体管接近单个原子的尺寸时，目前用于制造计算机芯片的技术将最终达到基本极限。然而，随着时间的推移，另外一些技术可能会越来越成熟，这将使摩尔定律的准确性能够延续到遥远的未来。

在电子工业中，摩尔定律是一种接近宗教狂热的存在。2005 年，英特尔公司为第一个提供 1965 年版《电子杂志》（也就是摩尔在 1965 年做出这一著名预测的杂志）原件的人支付了 1 万美元报酬。最初仅仅是一个简单的观察，但后来却在某种程度上变了味。摩尔定律告诉我们，到明年，我们的业绩应该达到怎样怎样的水平。天哪！我们最好要达成这个目标！早期，戈登·摩尔并不是唯一一个预测电子设备性能显著进步的人，其他人，如计算机先驱艾伦·图灵，也做出了类似的预言，图灵版本要追溯到更早的 1950 年。

摩尔定律已经成为预测各类事物的一个代表，尤其是那些变化非常迅速的事物，甚至摩尔自己也似乎对这种泛滥的关注感到尴尬，他讽刺地说："摩尔定律已经成为任何指数变化事物的代名词……我说,如果戈尔#发明了互联网,那么我发明了指数。"

11.

"拉伸"的创造力

$$F = -kx$$

胡克定律

弹簧的拉伸量或形变量 x 与其弹力 F 成正比，k 称为劲度系数。公式中的负号必不可少，因为弹簧弹力的作用方向与弹簧形变方向相反。

罗伯特·胡克（1635—1703）是所有伟大科学家中最神秘的一位，才华横溢的他曾被誉为"英国的达·芬奇"。今天，除了科学家和工程师对其有所了解之外，普通大众对他知之甚少，他的很多发现改变了世界，诸如胡克定律中揭示的数学关系，甚至在他去世250多年后仍然具有深远的影响力。遗憾的是，我们甚至不知道胡克长什么样，因为找不到一张他的肖像画。虽然他生前富足，但死后的坟墓却无迹可寻。

胡克在发表胡克定律时，采用了拉丁字谜的形式，谜面是"*ceiinossttuv*"。3年后，他揭晓了谜底"*Ut tensio, sic vis*"。当时，一些著名的科学家流行通过谜语来发布他们的研究成果，通过这种方式，既能展现他们卓越的工作，同时又保密了个中细节。谜底 *Ut tensio, sic vis* 的字面意思为"力如拉伸"，即力的大小与拉伸量成正比。

我们都知道，当拉伸一个物体时，它的长度会发生变化。如橡皮筋、绳子、工字钢、花岗岩，只要施加拉力，物体就会适度延展，橡皮筋的变形明显一些，工字钢的变形微小一些。人类必定很早就认识到了这一点，但是，能够量化力与拉伸程度之间的关系，则要归功于这位睿智的英国人罗伯特·胡克了。

胡克定律是固体力学领域中最重要的定律之一，或者更准确地说，它属于固体力学中的弹性力学分支。胡克定律指出，一块固体材料的拉伸量或形变量 x 与材料在抗拒拉伸时产生的弹力 F 成正比。常数 k 通常被称为劲度系数，实际上，弹簧的拉伸可能是胡克定律众多应用中最常见、最容易理解的场景。回想一下老式的鱼秤（不是现代的电子秤），这种秤利用弹簧及胡克定律保证了渔民交易童叟无欺，挂在弹簧上的鱼越重，弹簧产生的弹力 F 就越大，弹簧的拉伸量 x 也就越大。弹簧的刻度标示与劲度系数密切相关，刻度上的数字用来表示 lb 或 kg。因此，如果一条 10lb 重的鱼把弹簧刻度拉伸 1in，则劲度系数 k 为 10lb/in。

遵循胡克定律（大多数固体）的材料被称为"胡克型"材料或线弹性材料，意味着这种材料受力之后产生的弹力与形变量呈线性关系，也即遵循胡克定律。因此，胡克定律有着重要的实际应用，它可以刻画汽车、飞机、桥梁和建筑物等日常物体在受力时的形变情况。大多数金属，如钢和铝都是胡克型材料，玻璃等易碎物品也是。但某些特别的材料，如橡胶和大多数塑料都属于非胡克型。当拉伸橡皮筋时，它的表现是非线性的，橡皮筋的拉伸长度变化与对应拉力之间的关系在函数图形上不是一条直线。

作用于钢材时（与螺旋弹簧情况相反），胡克定律的形式为：

$$\sigma = E \varepsilon$$

我们将这个方程与 $F = -kx$ 对比一下，此时，σ 为施加在钢材上的力（其中，σ 等于单位面积所受外力，但方向与 F 相反，这是由于 σ 作用在材料上，反之亦然）；ε 是相对应变，是长度（位移）变化 x 相对于原始长度的百分比；常数 E 称为弹性模量，类似于劲度系数 k。钢材的弹性模量约为 206 GPa，相信大多数机械工程师和土木工程师都非常熟悉这个数值。

某些材料的特性比钢材或玻璃更为复杂，这些材料有不止一个弹性模量值，木头就是一个很好的例子。任何木匠都会告诉你，木材纵纹方向比横纹方向坚硬得多（E 值更大）。这些材料的弹性行为可以用更复杂的广义胡克定律来解释。

罗伯特·胡克为了与达·芬奇的美誉相称，似乎毫不费力地跨越了多个知识领域，他的发明和贡献范围之广令人叹为观止：早期实用便携式计时器或手表的发明人之一，多产而重量级的建筑师，天才乐器制造师等；用自己发明的显微镜研究绘制各种动植物图谱，进而将所有生物的基本结构单位定义为"细胞"；在古生物学、天文学和万有引力等领域作出了重要贡献；在引力研究方面，得到了与牛顿万有引力定律非常相似的结果。

胡克晚年曾与牛顿等人在学术和个人问题上发生过多次争论。有证据表明，与那些声名显赫的大伽相比，胡克今天之所以相对默默无闻，与其身陷于这些争论中不无关系。好在，最近以胡克之名设立的一些学术奖项，在一定程度上重塑了胡克的声誉。即便如此，把这位进取的英国人称为"英国的达·芬奇"仍有一点点言过其实。

12.

伍德斯托克

$$P = \sum_{i=1}^{N} \rho_i A_i$$

人群规模估算方程

这个方程可以用来估算人群规模的大小，例如，一张航拍相片中的人群。人群中的人数 P 可以通过将涉及区域划分为 i 个单独区域 A_i 来计算，ρ_i 为给定区域的人口密度（单位面积内的人口数量）。按照人口划分区域，将人口密度分别乘对应区域面积，求和就可以得到区域内总人口数。

美国人口调查局的数据显示，全球人口总数在 2012 年 3 月 12 日突破 70 亿，即此时地球上每平方英里的土地上生活着 122 人，但这只是一个平均值，它包括大量人迹罕至的陆地，比如南极洲，而孟加拉国是世界上人口最稠密的国家之一，每平方英里约有 2 500 个居民。在美国，既有大城市，也有很多人口相对稀少的地方，平均人口密度只有每平方英里 83 人。

和其他国家一样，美国时不时地会有大量的人喜欢凑到一个相对较小的空间，比如运动赛场或音乐厅。如果有门票出售或者可进行出入口控制时，想要弄清楚有多少人参加了活动是一件相当简单的事情。但如果是其他公共活动呢？比如政治集会、免费音乐会和游行示威活动。这种情况下，估算参加集会的人数要困难得多。

这个问题有意义吗？当然有意义了。政治候选人 X 的支持者希望人们相信，有大量的人，比方说 25 万人参加了他们最近的竞选集会。而候选人 X 的反对者声称，那里的人数不可能超过 5 万，而且大多数人都觉得那场集会无聊透顶。

2010 年 8 月 28 日，福克斯新闻频道评论员格伦·贝克在华盛顿林肯纪念堂举行了一场主题为"再造荣光"的集会。集会组织者发放了 30 万人的准入证，他们预估会有 50 万人到场——这个数值远远超过了 30 万。哥伦比亚广播公司（CBS）

消息显示，实际出席人数要低得多，不超过 9.6 万，不到集会组织者估计的 1/5。CBS 与福克斯新闻频道属于竞争关系。即便考虑到人群估算的偏差，怎么可能会相差 4 倍呢？事实上，即便对于一个相对公正的观察者而言，估算这样一个群体的规模也绝非易事。

自 1890 年以来，每年元旦在加利福尼亚州的帕萨迪纳都会举行玫瑰花车游行。大约在 1930 年，游行组织者开始估算 5.5mi 游行路线上的人群规模。多年来，这些出席人数的估算数一直在 100 万~150 万之间。并不是所有人都相信他们的数据，20 世纪 80 年代，有竞争者估计，参加游行的人只有 36 万人。

那么，怎样才能知道有多少人参加了类似活动呢？本节的方程提供了答案。一种估算人群人数 P 的方法是将人群所在区域划分为 i 个单独的区域，如果能估算出每个单独区域的面积 A_i 和对应的人口密度 ρ_i，计算就很简单了。如方程所示，把每个独立区域的人数加起来就可以得到总人数。

例如，在靠近政治集会舞台的区域，人群可能更密集，大约为 1 人/5ft²，这意味着每个人在地面上都会占据一个边长约为 26in 的正方形。离舞台较远的地方，人群密度可能会下降到 1 人/10ft²（对应边长 38in 左右的正方形），再远一点儿，人群的密度就更小了。

顺便说一下，根据专家的说法，最大的人群密度大约是

1 人/2.5ft², 即每个人站在一个边长大约为 19in 的正方形上。在一场疯狂的户外摇滚音乐会上，舞台附近的人口密度大概就是这种情况。如果你从来没有参加过类似活动，那么想象一下90 个人挤在一个 15ft×15ft 的房间里，这是一般美国家庭次卧的尺寸，你就能感觉到何等拥挤了。如果想合理地估算人群规模，选择航拍是一个好方法，在航拍照片上画出网格，比如对应边长为 50ft 的网格（每个网格的面积为2 500ft²），然后估算每个网格中的人口密度。最后，将各个网格内的人数相加，得到总的人数。

数学思想很简单，但整个过程非常棘手。准确估算每个网格内的密度是相当困难的一件事情，在求出每个网格内的人数后再求和，结果的误差会被放大。此外，还有其他一些问题。比如，因为人们总是四处走动，人来人往的情况会贯穿整场，谁能保证你的估算正好对应的就是人群规模最大的时候？

总而言之，要想获得游行、集会等人群规模比较精确的数据几乎是不可能的，这是研究人群规模专家们的观点，大多数人可能也深信不疑。但我们还是会继续诉诸记者、警察等人员，希望他们能够提供关于人群规模的数值估计，这是我们倾向于量化任何事物的本性使然。诸如龙卷风和地震灾害按受害者的人数来进行量化，战争亦然，人们关注的是伤亡的人数。

集聚的人群也是如此。乔尼·米切尔唱道："到伍德斯托克之时，我们已经有 50 万人。[#]但她的曲外之音是："到伍德斯托克时，我们组成了一个真正的、非常庞大的人群，然而我不会尝试去给出一个数值，因为这很可能不准确。"

13.

揭秘 π

$$\pi = C/d$$

π 的计算方程

圆的周长 C 与直径 d 之比是无理数 π 最常见的定义方式。当然,还有其他计算方式,例如利用三角函数。

"余弦！割线！切线！正弦！三点一四一五九！"[#]这句超燃的助威口号，激励了多少麻省理工学院的团队去赢得比赛的胜利，点燃了多少世界各地极客的壮志雄心。一听到它，就会令人不由得想挺身而出，为主队再拿一分。但现在，我们首先要搞清楚一件事情。

圆的周长与直径之比似乎与 π 紧紧地联系在一起。$S = \pi r^2$ 是与 $\pi = C/d$ 基本等价的一个方程，其中 S 是圆的面积，r 是半径（即直径的一半）。π 无疑是所有数学常数中最重要和最著名的一个。数学常数只是一个不变的值，会出现在各种不同的情形中，如爱因斯坦著名的方程 $E = mc^2$ 中，c 是一个数学常数，代表光速。

本节介绍的方程 $\pi = C/d$，提供了一个简单的方法来创建 π。选择任何圆形物体，如自行车轮子、硬币或番茄罐头都可以，我们以番茄罐头为例，用记号笔在罐顶的圆形轮廓上标记出一点，让罐子躺倒在纸上，并让记号点贴着纸面（也就是指向 6 点钟方向）。此时，在纸上标出记号点的位置，接着让罐子在纸上滚动一周，在纸上再标出记号点的位置，那么纸上两个位置点之间的距离恰好是罐子直径的 π 倍。如果使用的罐子

[#]英文为 Cosine! Secant! Tangent! Sine! Three point one four one five nine! 英文读起来非常押韵。——译者注

直径为 1in，那么纸上两个位置点之间的距离就是 πin。那到底是多少呢？好吧，回忆一下开头那激动人心的助威口号，大概是 3.141 59。但这还不太精确，实际上 π 是个"无理数"，从数学定义出发，无理数是不能精确表示为任意两个整数之比的数。例如，在过去没有计算器的"好日子"里，通常用 3½ 来表示 π 的近似值，即 22/7，近似误差很小，在 0.001 26 左右。但这个误差小吗？这取决于具体情况，有些应用中，这个误差可以忽略不计，但在有些情况下，这个误差可能就太大了。

谁发现了 π？这个问题没人知道答案。有证据表明，古巴比伦人、希腊人、印度人和埃及人都知道任何圆的周长与直径的比率是相同的，而且这个比值比 3 要大一点儿。已知最早对 π 值的估算大概是在公元前 1900 年，古巴比伦人的估算值是 25/8，埃及人的估算值是 256/81，两个估算值的误差都在 1% 以内。

阿基米德是历史上最伟大的数学家之一，也许他最著名的发现是浮力原理（见"21. 我发现了！"），这个发现属于物理领域，而非数学。尽管如此，阿基米德在数学方面的成就也是惊人的，他可能是第一个专门研究和计算 π 值的人。阿基米德利用几何学技巧，为计算出更接近 π 的真实值而孜孜以求，他的这套方法在几百年后被人们称为"穷竭法"。具体步骤是这样的：首先画一个圆，然后在圆外画一个正方形，使这个正方形刚好包围这个圆，接着，在圆内画一个较小的正方形，使得小正方形的顶点都与圆相接，如图 4 所示。显然，圆的面积介于两个正方形之间，因此，可以得到关于圆面积的一个上界和一个下界。对应地，也得到 π 的一对上下界，因为圆的面积等于 πr^2。这个估计的问题在于，上下界相差得有些远，给出的估计会比较粗糙。假设圆的直径是 d，那么外切正方形的面积等于 d^2，内接正方形的面积为 $d^2/2$。

图 4　采用正方形时的穷竭法　　图 5　采用正六边形时的穷竭法

如何才能让估算更精确？我们用正六边形来代替正方形。在圆外画一个外切正六边形，如图 5 所示。假设圆的直径仍为 d，那么内接正六边形的面积约为 $0.65d^2$，而外切正六边形的面积约为 $0.87d^2$，估算的精度比之前提高了。

阿基米德意识到，圆的内接和外切正多边形边数越多，两者的面积就越接近，由于圆的面积永远介于两个正多边形的面积之间，所以他知道 π 的估算精度取决于采用正多边形的边数 n（如正方形、正五边形等），这就是"穷竭法"的真谛所在！矢志不渝加上聪明才智，他最后证明，当 $n = 96$ 时，π 大于 310/71，但小于 31/7，他给出的下界比 π 小 0.02%，上界比 π 大 0.04%。真不错！

关于 π 的图书有很多，小说类的、非小说类的都有，也有相关电影和音乐，还有其他与 π 有关的各种文化现象。截至 2010 年 1 月，计算 π 值的世界纪录是小数点后 2.7 万亿位，任何人都用不到这个精度，那为什么人们还要不厌其烦地去往后计算呢？这里有一个原因，刷新 π 的世界纪录需要高速的计算机硬件和高效软件的相互配合，这正是挑战所在。当然，对纪录保持者而言，这也是一件值得炫耀的事情。

还有一项怪诞的竞赛，也与 π 有关，那就是考验长在我们两个耳朵之间的"人肉电脑"。多年来，记忆和背诵 π 的纪录一直不断刷新，目前已经达到小数点后 67 890 位（吉尼斯世界纪录认可），这位来自中国的纪录保持者只需 24 h 多一点儿，就能精确无误地背诵所有 67 890 位数字，等同于每 1.28 s 背诵一位数字的速度。正如戴夫·巴里#所说，我们可不是在编故事。

#戴夫·巴里，幽默的专栏作家，擅长戏讽，他的文字诙谐深刻。这句话引自巴里的著作 *Dave Barry is not making this up*，意在表达关于记忆背诵 π 这件事并非杜撰，而是事实。——译者注

14.

假如不再出汗

$$\frac{\mathrm{d}Q}{\mathrm{d}t}=hA_{s}\left(T_{s}-T_{\infty}\right)$$

牛顿冷却定律

物体吸收或损失热量的速度与物体和其所处环境之间的温度差成正比。其中，$\mathrm{d}Q/\mathrm{d}t$ 表示热量流入或流出的速度；$T_{s}-T_{\infty}$ 是物体与周围环境的温差；A_{s} 是物体的表面积；h 是对流传热系数，h 的大小由多个因素决定。

芝加哥一年当中气温的波动幅度通常为 72.3 ℃ 左右（冬季最低气温为 -31.7 ℃，夏季最高气温为 40.6 ℃），但对于一个健康的人来说，不论所处环境炎热还是寒冷，通过身体一系列复杂的机制调节，总可以让体温保持在 37 ℃ 左右。

为了使人体保持恒定的体温，特别是在寒冷或炎热的环境中，人体需要不断地与牛顿的冷却定律对抗。这个定律很简单，它指出，物体随着时间推移，吸收或损失热量的速率 dQ/dt，与物体和周围环境之间的温差 $T_s - T_\infty$ 成正比，温差越大，物体损失（或吸收）热量的速度就越快。在厨房台面上分别放一杯冷水和一杯热咖啡，4.4 ℃ 的冷水比 25.6 ℃ 的环境温度要低 21.2 ℃，82.2 ℃ 的咖啡比环境温度高 56.6 ℃，不过，根据牛顿冷却定律，几小时过后，水和咖啡的温度都将与室温一致。

人体的核心温度为 37 ℃，要比上面例子中的环境温度高 11.4 ℃，但人体并不会像那杯咖啡一样，慢慢冷却到室温，这算得上是一个小奇迹了！

牛顿冷却定律告诉我们，物体吸收或损失热量的速率与物体和其环境之间的温度差成正比，但它并没有告诉我们温度是如何变化的。人体热量交换至少有 4 种不同的途径，其中出汗也许是最常见的（其他还包括辐射、传导和对流）。

排汗是一种相当巧妙的冷却机制，很少有生物具备这样的功能。马有丰富的汗腺，但其他哺乳动物，如狗、猫和猪排汗的功能都相当弱。实际上，"像猪一样满身大汗"是一个错误的比喻。由于蒸发会带走热量，因此出汗会使人体降温。当皮肤上形成汗液（主要成分是水）并蒸发时，汗水会吸收大量的能量，从液体变成气体状态，会带走体内的能量，从而令人体降温。

想象一下，7月时去亚利桑那州凤凰城游泳，游泳池里的水温是29.4℃，而游泳池外的空气温度为40.6℃，空气温度要比水温高得多。但当你从游泳池出来的时候，会感到皮肤特别凉爽，这就是蒸发冷却的效果。游泳池里的水在炎热干燥的条件下会干得很快，如凤凰城，那里的湿度通常很低，所以皮肤很快就会变干燥，继续站在气温达到40.6℃的室外，你的出汗时间到了！

主要来自太阳辐射的能量，正以相当快的速度进入你的身体，功率可能高达几百瓦。这时，你的身体必须尽快把这些热量处理掉，否则人体会进入过热状态，这是一种极其危险甚至致命的情况。幸运的是，人体自带高效的排汗机制，皮肤的温度约为34℃，比人体核心温度低3℃。当皮肤被太阳或其他发热体加热到大约37℃时，人体开始出汗。

至于身体通过出汗能够排出多少热量取决于很多因素，比如体型、穿着等，但周围的空气湿度是一个重要的影响因素，湿度越低，汗水就越容易蒸发，促进人体迅速降温。当外面闷热潮湿时，人体的汗水不易蒸发，最后只会浸湿衣服。

在任何情况下，人体都可以通过排汗很容易地实现降温，排汗产生的功率可以达到 200 W 甚至更高。我们知道，功率是描述灯泡、吹风机或发电机等设备性能的物理量，一个 100 W 的普通灯泡释放的大部分能量都是热能，这一点我们都有体会。一盏白炽灯点亮几分钟后就会变得很烫，灯泡消耗的能量中只有百分之几可以转化为光，其余大部分能量都损耗在散热过程中。因此，为了简单起见，我们假设一个 100 W 灯泡产生的能量全部为热能。对于人体来说，它会很自然地单纯通过排汗就释放掉相当于两个 100 W 灯泡同时产生的热量。

这是很大的热量，因此出汗实际上是一根救命稻草。假设一个人突然失去了排汗功能，那么相当于两个 100 W 的灯泡所产生的所有热量将会聚集在体内，无法通过排汗来消耗掉，身体就会越来越热。200 W 的功率能使 68 L 水的温度在 1 h 后升高 2.5 ℃ 以上。我们知道，人体内有大量的水分，显然，失去排汗的能力，人体就无法处理这 200 W 的热源产生的热量流入，这可能会导致死亡。实际上，体温在 1h 内升高 2.5 ℃，如果不加以控制，很快就会危及生命。

我们大多数人可能意识不到，即便处在一个温度适中的环境里，而且不做任何运动，人体每天也会排出约 600 mL 汗水。当在炎热的环境中剧烈运动时，人体排汗量可能达到 1.5 L/h。

如果在运动中不通过规律性饮水，及时补充流失水分，你可能会中暑，更极端的情况下还会危及生命。运动很重要，但别忘了补充水分，水是生命之源。

15.

续航里程

$$P = \frac{E}{t}$$

功率计算公式

功率 P 是指单位时间内消耗的能量，E 和 t 分别代表能量和时间。在国际单位制中，功率单位为 W（J/s），能量单位为 J，时间单位为 s。方程中，能量可以替换为机械功，功和能量的单位都是 J。因此，功率代表做功或能量变化的速度。能量不可能全部转换为机械功，功和能量之间存在转换率，因此两者之间相差通常比较大。

早在 20 世纪初，汽车就显现出巨大潜力，预示着有朝一日它会成为交通系统的主角，但当时的人们并不清楚，究竟哪一种能源最终会在汽车的动力之争中真正胜出：蒸汽、燃油（汽油和柴油），还是电力？过去，人们很难意识到这是一场激烈的竞争，但事实的确如此。蒸汽、燃油和电力各有利弊，但最终胜出的是燃油。部分原因是燃油低廉的价格和丰富的储量，而且这种碳氢化合物液体蕴含着惊人的化学能量。在内燃机中，燃油燃烧产生的大部分能量可以转化为机械功，为汽车提供动力。

　　蒸汽动力汽车算得上是名副其实的古董，而电池驱动汽车从未退出历史舞台。电池驱动汽车在某些小圈子内一直风生水起，如高尔夫球车、叉车和踏板车等。电池驱动汽车也会不时地走出它的圈子，在燃油车的地盘上抢抢风头。2012 年，电池驱动汽车再次迎来复苏。像丰田普锐斯（Prius）这一类的油电混合动力汽车随处可见，特斯拉跑车（Roadster）及轿车（Model S）和日产聆风（Leaf）等纯电池驱动汽车也已经上市，而且很快会涌入更多的竞争对手。

　　一直以来，人们非常期待一款真正实用的电池驱动汽车，这背后的关键是研发一种强大的电池。下面这个例子只是汽车制造商面临的众多问题之一。雪佛兰沃蓝达（Volt）上市于

2010 年底，当时的宣传可谓铺天盖地。这款车本质上是一台搭载了小型汽油发动机的电池驱动汽车，汽油发动机可在电能耗尽时为电池充电。通用汽车公司为其花费数十亿美元研发了锂电池，电池重约 400lb，通用汽车公司声称，在启动燃油发动机充电程序之前，电池可以提供 40mi 的续航能力。40mi 的距离相当于普通（非混合动力、非电动）本田思域（Civic）在高速公路上消耗大约 3.79 L 汽油行驶的距离。

1800 年，意大利物理学家亚历山德罗·伏特（1745—1827）首次发明了电池，但 200 多年后的今天，我们似乎并没有走多远。在电池发明大约 100 年后，托马斯·爱迪生还在抱怨虚假的电池广告欺骗着善良的人们。此后的 100 年里，电池技术和产品虽然有了长足的进步，但我们仍然面临着同雪佛兰沃蓝达一样的问题，即续航能力太差。

续航能力一直是电池驱动汽车的致命弱点。燃油车的航程基本上是无限的，一辆油箱容量 76 L 的汽车，按照 10.6 km/L 的平均油耗，加满一箱油可以跑约 800 km。美国等很多发达国家，通常每隔几公里就会有一个加油站，只需在那里稍等几分钟，就可以接着再跑 800 km。

我们来看看特斯拉跑车，这是一款两座跑车，搭配华丽的电池发动机，性能卓越（百公里加速约 4.1 s），售价约为 12.5 万美元。据特斯拉汽车公司宣传，900lb 重的电池组可提供 245mi 的续航里程，但并非所有人都认同这个数据。特斯拉是一款高性能的跑车，如果真的按照跑车的开法，充一次电绝对跑不了 245mi。有的试驾者，按照驾驶越野车方式来测试，报告的续航里程数仅有 100mi 或更低。如果想充一次电跑 245mi，大概只能像老奶奶周日去教堂那样开车了。

如果销售人员告诉你充电一次最大续航里程 245mi，但如果驾驶方式不对头，可能会降到 100mi，那么你会为这 12.5 万美元埋单吗？如果她继续告诉你，充满一次电需要去充电站等候 3.5 h，而不是几分钟的自助服务，你还会买这辆车吗？

功率定义为单位时间内产生或消耗的能量，即 $P = E/t$，变换一下形式为 $E = Pt$，即能量等于功率乘时间。例如，一个额定功率为 100 W 的灯泡，通电 10 h，它消耗的能量为 100 W×10 h，即 1 kWh.[#] 城市电力设施产生的电能（燃烧煤炭或天然气，或水力发电、风力发电、核能发电等），通过电网传输到千家万户，点亮灯泡。

房子属于不可移动的建筑物，汽车与此不同，它需要储备能量。但谁也说不好，也许将来有一天，汽车能够一边行驶，一边从固定电网中吸取能量，就像现在由电力牵引的地铁和火车一样。然而，就目前情况而言，电池驱动汽车必须将能量随时储备在车上，本质上还是摆脱不了电池。

所以设计电池驱动汽车，首先要解决的是我们需要在车上

[#] 因此，千瓦时（kWh）只是一个使用比较方便的能量单位，相当于 3 600 000J，或约 3 412Btu（Btu 是英国热量单位）。

储存多少能量。电池驱动汽车，电池的合理能耗水平大约为
0.3 kWh/mi。如果要达到 200mi 的续航里程，那么电池必须要
提供 60 kWh 的能量（0.3 kWh/mi×200mi），但电池电量不能
被完全耗尽（不像汽车油箱），所以最终可能需要搭载电量为
70 kWh 的电池。

这样一组电池的价格大概是多少？目前电池驱动汽车（特
斯拉跑车、雪佛兰沃蓝达等）的电池一般首选锂电池，类似于
笔记本电脑、手机或 iPod 中使用的电池技术。这种电池的常
规能量密度是 0.125 kWh/kg，大约是传统铅酸电池（大多数
传统燃油车上使用的启动电池）能量密度的 4 倍。70 kWh 的
电池组，要由能量密度为 0.125 kWh/kg 的电池组装而成，因
此，重量大约为 560 kg（1 232lb）。为什么特斯拉跑车的电池
较轻？原因很简单，跑车如果驾驶得当，再加上车身体积小、
重量轻（约2 700lb，其中 900lb 是电池），车辆具有良好的空
气动力学性能，因此电池的能耗水平要优于 0.3 kWh/mi。

不管怎样，这就是电动汽车面临的现实问题。在某些方面，
燃油车已经非常完美了。100 多年前的动力之战中，燃油车取得
了初赛的胜利，接着又受益于持续一个多世纪的集中发展，加
上背后数万亿美元的投资推动，结果是，全世界数十亿消费者已
经形成固化的认识：汽车就应该有超常的续航能力和便捷的动力
补充服务。电池驱动汽车最终会成为主流，还是人们心中永远的
愿景？未来有太多不可预知的因素，答案仍然是个未知数。

16.

潜水病

$$p = k_H c$$

亨利定律

在给定温度下，某种气体在液体中的溶解度与液体上方所受该气体的压力成正比。从数学角度讲，某种气体溶入液体后的溶液浓度 c，与液体上方所受该气体的压力 p 成正比。k_H 是亨利常数，由液体、气体和温度共同确定。

布鲁克林大桥竣工于 1883 年，是第一座连接着纽约曼哈顿岛和布鲁克林区的桥梁。修建这座桥用了 13 年时间，共花费 1 500 多万美元，大约相当于 2010 年的 3.4 亿美元。当时，它比最长的悬索桥还要长 50%。在建造过程中，有 27 名工人牺牲，很多人死于一种被称为"沉箱病"的神秘疾病。今天，我们称之为"潜水减压病"，或简称为"潜水病"。

修建布鲁克林大桥需要攻克众多技术难关，最艰巨的一个难关是在河里建造两座标志性塔楼，一座位于曼哈顿岛一侧，另一座靠近布鲁克林区。塔楼建在水面以上 276ft 处，在当时远远超过了纽约甚至美国任何地方的建筑高度。为此，需要把塔楼巨大的地基牢牢地固定在河床上，如此巨大的体量，对于工程施工来说是一次前所未有的挑战。

塔楼的地基建造采用了一种叫作沉箱结构的技术。沉箱实质上是一个巨大的敞口箱，开口的一面向下放置。沉箱在岸上建好之后，像船一样浮到目标位置后，开始倒置并下沉。当降落到河床后，敞口的边缘开始切入河底的淤泥，工人把石头放在沉箱顶部。随着重量的进一步增加，箱子继续下沉。同时，那些石头成了塔楼结构的一部分。沉箱不断下沉，最终抵达河床的基岩层。之后，混凝土被泵入沉箱内部并填满，塔楼的地基就此完成了。

上述是理论施工方法，在实践中，尤其是对于布鲁克林大桥这样的大工程来说，这是一项真正艰巨的任务，每一个环节都充斥着风险。布鲁克林大桥的沉箱每个重达 $6.0×10^6$ lb（相当于 2 000 辆标准尺寸轿车的重量之和）。河底沉箱下的内部空间，也就是工人的施工场地，大得足以容纳 4 个网球场，每个沉箱包含 11 万 ft^3 的木材和 230 t 的铁。图 6 展示了河床上的沉箱结构示意图。

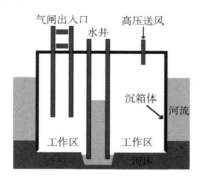

图 6　沉箱结构示意图

那么，工人在沉箱里需要完成哪些工作呢？为了使沉箱抵达河床基岩，必须要将下降过程中堆积在沉箱内部的泥浆和岩石清理出去。要完成这项工作，需要在沉箱顶部切出两个 7ft 见方的井口。然后将空心钢结构的水井伸入沉箱内部，一直下探到接近河床处。在沉箱内，工人将泥浆和岩石搬运至水井底部之下，再由地面放下的大型机械铲将它们从沉箱中铲出。

想要完成上面的施工目标，意味着必须持续地向沉箱内部高压送风，否则，河流中的泥浆和水会强行倒灌入沉箱。为此，需要保证沉箱中的气压达到 45psi（即 lb/in^2，1psi ≈ 6.895 kPa），大概是正常大气压力的 3 倍。为了防止空气直接从水井中逸出，水井内要注满水，这就是"水井"这个名称的由来。这是一个巧妙的办法，使水井内的水保持在适当的高度，以平衡沉箱内升高的空气压力，并确保机械铲可以潜入水井内的水中，以清除沉箱内的泥浆和岩石碎屑。因此，水井中水柱的作用有点儿像一个巨大的气压计，沉箱内的气压每增加 1psi，就需要向水井内注入约 27in 高的水柱来保持压力平衡。

工人通过气闸进入沉箱，这是一个装在沉箱顶部的钢制容器，顶部和底部分别有一个密封舱口。气闸室每次可容纳十几位工人，工人从顶部舱口进入后，关闭顶部舱门，然后缓慢打开底部阀门，将气闸室内的气压升高到与沉箱内气压一致的水平。这时，可以安全地打开底部舱口，让工人下到沉箱内。

就是在这个充斥着 3 个正常大气压的巨大沉箱里，工人的麻烦开始了。至此，我们终于可以回到开篇的方程了，即亨利定律，根据英国化学家威廉·亨利（1774—1836）命名。该定律指出，某种气体溶入液体后的溶液浓度，与液体上方受到该气体的压力成正比。我们知道，打开一罐苏打汽水时会发出"嗞嗞"的声音，这是由苏打汽水里逸出的二氧化碳气体引起的。苏打汽水处于高压条件下时（p 值很高），可以保持高碳酸化状态——饮料中溶解的碳酸气泡（c 值很高）。把苏打汽水倒入玻璃杯里，一个接一个的碳酸气泡就会浮到表面，最终消失在大气中，空气中的二氧化碳浓度相当低（p 值很低）。几小时内，几乎所有的气泡都会消失，苏打汽水中的碳酸浓度也会变淡。根据亨利定律，溶解在苏打汽水中的二氧化碳量（碳酸化程度）与苏打汽水外部接触的二氧化碳气体压力成正比。

我们这里关注的液体是沉箱内工人的血液，而不是苏打汽水，关注的气体是沉箱内高压空气中的氮气。根据亨利定律，沉箱内的高气压会导致工人血液中氮气浓度升高。当这些工人离开沉箱时，有点儿像开罐的苏打汽水，血液中过量的氮气变成血管内的气泡排出。这将导致剧烈的疼痛，造成暂时或永久性残疾，甚至死亡。工人的个体反应不尽相同，很大程度上取决于他们在沉箱中待了多久。

发生于布鲁克林大桥建造过程中的"沉箱病"其实并不新奇，位于圣路易斯，1874年竣工的伊兹大桥，在其修建过程中，就有十几名工人为此殒命。"沉箱病"神秘而致命，对于这种疾病的猜测以及预防的假说比比皆是。毫不奇怪，沉箱中的工人既恐惧这种疾病，又对这种明显将他们置于高风险中的管理感到愤怒。然而，并不是只有工人面临这种风险，布鲁克林大桥的总工程师华盛顿·罗布林也因为多次进入沉箱的经历，最终全身瘫痪。

如今，人们已经清楚了这种疾病的原因，也了解了如何预防，其关键是避免气压的迅速变化。例如，潜水员可以查阅相关数据表，表中详细标明了潜水结束后，身体返回水面时的上升节奏，按此可以避免血液中产生氮气泡。如今，两座著名的塔楼已建成130多年，而布鲁克林大桥的沉箱仍作为坚固的地基扎根于东河河床的淤泥之下，同时，其也是一座隐形的纪念碑，铭记着那些曾为大桥献身的工人。

17.

是温度，不是湿度

$$℉ = 1.8（℃）+32$$

华氏度与摄氏度的换算公式

绝对零度，理论上自然界可能达到的最低温度，等于-459.67 ℉（华氏度）或-273.15 ℃（摄氏度）。因此，华氏温标和摄氏温标上的零度出现在不同的位置，0 ℃ = 32 ℉，0 ℉ ≈ 17.8 ℃。两种温标在零下40度时出现重合，即-40 ℉ = -40 ℃（见图7）。

零售商经常采用心理定价策略，例如，他们会将一加仑汽油的价格标为 3.99 美元，而不是 4 美元，这样做会让顾客觉得价格便宜了不少。天气预报也一样，美国 2011 年经历了一个炎热的夏天，打破了很多地区的高温纪录。在俄克拉何马州，人们一直在关注并记录整个夏天有多少天温度超过了 100 ℉，虽然很接近，但始终没有打破 1936 年创下的 65 天达到或超过 100 ℉ 的历史纪录。

　　然而，100 ℉ 到底有什么特殊之处？99 ℉ 比 98 ℉ 高 1 华氏度，100 ℉ 比 99 ℉ 也是高 1 华氏度，但 100 是三位数，而 99 是两位数，如果是 100 ℉ 的话，天气预报员和人们就会没完没了地谈论着"又一个三位数的日子，看不到尽头"。华氏温标上两位数变成三位数的刻度和其他刻度并无不同。在使用范围更广的摄氏温度中，根据换算公式，100 ℉ ≈ 37.8 ℃，但在采用摄氏度的国家（除美国、伯利兹等少数国家之外），人们绝不会去统计夏季中气温达到 37.8 ℃ 的天数。

　　温度是一个比我们的想象更复杂的概念，尤其当我们试图在最根本层面来定义温度的时候。日常生活中我们关心的温度，只是一种冷热的量化方法。

　　有一种从原子振动角度来定义温度的方法：我们知道，所有物质的原子都处于不停振动的状态之中，振动越强烈，产生的热量就越多，例如水杯中的水。我们将这杯水放入微波炉加热 30 s，然后用手指碰一下杯子，结论是水分子中的原子振动得更快了；再把杯子放进冰箱里冷冻半小时左右，再通过手指触碰会得出结论，水分子中的原子振动变慢了——水变凉了。

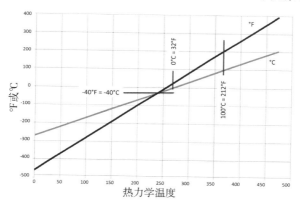

图 7　华氏度和摄氏度温标体系对比（纵轴为华氏度或摄氏度，横轴为热力学温度）

手指在实验中起到了温度计的作用，而且它相当敏感，可以感受小于 1 °F 的温度变化。但手指只是一种"定性仪器"，它更擅长判断相对温度（哪杯水更热），而不是温度的精确数值。

伽利略是最早将温度变化与定量现象联系起来的科学家之一，直到现在，我们仍然还能买到一种叫作"伽利略温度计"的东西。[#]它是一种密封的、装满水的玻璃管，里面装有一整套

[#]伽利略自己是否曾经制造过这种装置尚存疑。

中空的小玻璃球，每个玻璃球内都装有不同颜色的液体（为了美观起见），球的底部悬挂了校准砝码，根据球的重量在砝码上刻有相对应的温度值。随着玻璃管内水温的升高，水的密度变小，管内的小球一个接一个地沉到底部，那么，仍然浮在水面的玻璃球中，最靠下的一个玻璃球对应的温度，最接近玻璃管的实际温度。

伽利略温度计利用的物理原理是，水在加热或冷却时密度会发生变化。之后不久，科学家们利用一种相关的物理现象，即液体的热膨胀来制造温度计，直到今天，这仍然是制造温度计的标准方法。大多数液体在受热时都会均匀膨胀，因此，当玻璃细管内的液体被加热或冷却时，管内的液体就会上升或下降。酒精是最早被应用于温度计制造的液体之一，而且今天仍然在用，实际应用中通常会在酒精中添加色素来提升可见度。金属汞是少数几种在室温下保持液态的化学元素，也可以用作温度计液体。水银温度计也许是有史以来最为成功的一种温度计，它是由出生在荷兰的波兰籍物理学家丹尼尔·加布里埃尔·华伦海特（1686—1736）于1714年发明的。

1724年，华伦海特提出了一套温标系统，尽管后来有些小的修改，但最终仍以他的名字命名，即华氏温度。关于此系统中的刻度数值是如何确定的，人们提出了各种各样的解释。其中一个版本认为华氏温度设定的 0 ℉ 和 100 ℉，对应于西欧典型气候中的最低温度和最高温度，实际上并没有那么简单。

华氏温标是荷兰天文学家奥尔·勒默在科研的基础上建立起来的，他自己很早就发明过一种温标系统。华氏温度的 0° 是冰、水和氯化铵三者混合物的温度，这是一种制冷混合物，这种混合物的温度不随其成分含量的变化而变化。冰水混合物也是一种制冷混合物，它的温度不随混合物中冰含量的多少而变化。华氏温度将冰水混合物的温度定义为 32 ℉。华氏温度第三个特别定义的数值是 96 ℉，这是人体的核心体温（如果这些数值看起来不好记忆，可以观察一下，0 和 32 之差正好是 32 和 96 之差的一半）。后来，人们对华氏温度做了微小的修改，调整后，水的沸点是 212 ℉，冰点是 32 ℉，正常人体的核心温度约为 98.6 ℉。

早在 20 世纪 60 年代，华氏温标就成为许多国家的标准，而现在，除了美国等少数国家地区之外，几乎所有地方都被摄氏温标所取代。摄氏温标根据瑞典天文学家安德斯·摄尔修斯（1701—1744）名字命名。在摄氏温标中，正常大气压下，水的结冰温度是 0 ℃，沸腾温度是 100 ℃。很显然，摄氏温标非常实用，它的成功之处也毋庸赘言。但摄氏温标为什么没有在美国推广，仍然是个谜。也许，这样我们就可以继续统计一个漫长而炎热的夏天里超过 100 ℉ 的天数，至少部分原因是这样。

18.

最优美的方程

$$e^{i\pi} + 1 = 0$$

欧拉恒等式

欧拉恒等式表明，常数 e 的 $i\pi$ 次幂加 1 等于零，其中 i 是 -1 的平方根。欧拉恒等式是欧拉公式的一个特例，即 $e^{ix} = \cos(x) + i\sin(x)$，当 $x = \pi$ 时，由于 $\cos(\pi) = -1$，$\sin(\pi) = 0$，由此可导出欧拉恒等式。

2004 年，《物理世界》杂志邀请读者评出"科学领域最美的 20 个方程"，欧拉恒等式与另外一个提名方程在最终的榜单中并列第一。《数学益智》杂志在 1990 年进行过类似的评选活动，欧拉恒等式被誉为"最美的数学定理"。

但是俗话说得好，情人眼里出西施。达·芬奇的《蒙娜丽莎》比梵·高的《星夜》更美吗？科罗拉多大峡谷比尼亚加拉瀑布更美吗？这样的问题永远没有正确答案，因为美太难量化了，如此也未尝不是一件好事。那么，到底是什么让人们如此倾心于欧拉恒等式呢？

首先，我们注意到，欧拉恒等式与本书中大多数等式有所不同。一般来说，"方程"意味着去解决某个问题，例如，我们可以解方程 $x+2=4$，得到 $x=2$，但欧拉恒等式不是这样的方程，因为它并没有去解决问题，而只是陈述了一个事实，就像 $2+2=4$ 一样。正如 $2+2=4$ 只是一个事实，$e^{i\pi}+1=0$ 也是一个事实，但这两个事实中后者优美，前者平凡。为何这么说呢？

数学家、作家大卫·威尔斯在上面提到的《数学益智》杂志中发起了这项"最美的数学定理"评选，威尔斯认为，如果列出一个衡量方程优美与否的评判标准清单，优美的方程必须简单、简洁、重要、出人意料。$2+2=4$ 这个例子的确简单明了，但并不是特别重要，更不出人意料。

那么，欧拉恒等式简单吗？这要看你问谁了。它简洁吗？当然简洁。重要吗？毫无疑问（下文会论及）。出人意料吗？事实上，这个等式能够成立确实令人感到惊讶！

从数学角度分析，欧拉恒等式的神奇之处表现在几个方面：首先，一个数幂运算的结果小于零，这本身就是一件出人意料的事，至少是不寻常的；其次，欧拉恒等式只包含一次加法、一次乘法和一个指数运算，它还包含两个最著名和最重要的数学常数 e（自然对数的底）和 π（圆的周长与直径之比）；再次，它包含了加法的单位元（0）和乘法的单位元（1）；最后，它还包含神秘的虚数 i，即 -1 的平方根，别提有多优雅了。

所有这些加起来是否构成了无与伦比的数学之美？亲爱的读者，相信您心中已有答案。

欧拉恒等式以美著称，常规的欧拉公式全貌如下：

$$e^{ix} = \cos(x) + i\sin(x)$$

这个公式不仅在纯数学领域非常重要，而且在科技和工程领域（特别是在电气工程方面）意义非凡。例如，对交流电路的分析在很大程度上依赖于欧拉公式。

有研究表明，欧拉并不是第一个发现这个以他名字命名的等式的人，而且很可能他从来没有写出过欧拉恒等式。这并不打紧，欧拉的印记遍布本书涉及的数学，这一点毫无争议。当你涉足数学领域任何一个分支时，或迟或早会与欧拉的名字不期而遇。

如果要列出史上最伟大的 5 位数学家，也许，瑞士数学家
欧拉（1707—1783）会出现在每个人的榜单之列。[#]

请读者海涵，这里所谓的"最伟大"和之前的"最优美"
一样，也是难以量化的。欧拉既是天才型，又是高产型，他几
乎在数学领域的所有分支中都有所建树，他的辉煌让人难以企
及。本书中还有几个故事与欧拉有关，但寥寥数语显然欠了欧
拉先生一大笔账。如果条件允许，我愿意写一整本书来介绍欧
拉的方程。

就欧拉数学家和数学物理学家的身份而言，毋庸赘言，他
的贡献涉及的领域非常广泛。光是列出数学和物理学中用欧拉
来冠名的事项，恐怕这个单子就要有好几页长了，其中包括：
欧拉方程、欧拉公式、欧拉恒等式、欧拉定理、欧拉函数、欧
拉数、欧拉几何形式、欧拉定律和欧拉猜想等。

欧拉在生命中的最后 17 年里患上了多种眼疾，最终失明。
如果说欧拉有什么异于常人之处，那就是作为一位盲人，他比
失明前更加多产。1775 年，在失明 9 年后，欧拉平均每周完成
一篇数学论文，52 篇论文——很多数学家终其一生的产量大
概如此，欧拉竟在一年之内就完成了。惊人的心算天赋和记忆
力，使得这位失明的老者能够实时地在头脑中构造出新的数学
知识，并口述给他的同事，而同事们为了跟上他的节奏，往往

[#]名单上的其他人可能还包括牛顿、高斯和阿基米德。

手忙脚乱。欧拉逝世后，曾有一篇悼词写道："他停止了计算，生命也随之定格。"对欧拉来说，生命就等同于计算。

19.

这不科学

$$\Delta E_{\text{int}} = Q - W$$

热力学第一定律

根据热力学第一定律（也称为能量守恒定律），一个封闭系统的能量可以从一种形式转换为另一种形式，但总能量既不增加，也不减少。从数学角度讲，一个封闭系统内能的变化 ΔE_{int}，等于系统吸收的热能 Q，减去系统对外所做的机械功 W。

2006 年，爱尔兰 Steorn 公司在《经济学人》杂志上刊登了一则广告，宣称他们发明了一种装置，能够制造 "自由生产、洁净无污染、持续不竭" 的能源。如果真是这样，那就会与热力学第一定律相悖。应 Steorn 公司的邀请，一些对此持质疑态度的科学家组成调查委员会，专门对他们的成果进行了评估，结果很快得出结论：查无此事。Steorn 公司做了几次公开回应，但最终于事无补。

为什么打破热力学第一定律，甚至只是在心里打打算盘，都是 "冒天下之大不韪" 呢？可以断言，所谓打破这个定律，就是子虚乌有。热力学第一定律是德国物理学家鲁道夫·克劳修斯在 1850 年提出的，本质上是能量守恒定律的一种表述方式。如果一个装置超越了热力学第一定律，意味着人类很可能找到了解决世界能源问题的办法。热力学第一定律有多种数学表述方式，开篇的方程中，系统内能的变化 ΔE_{int} = 系统吸收的热量 Q – 系统所做的机械功 W。简单地说，能量可以从一种形式转化为另一种形式，但它不能被创造，也不能被消灭。

能量可以以各种形式存在。例如，对汽油来说，能量隐匿在这种强大液体燃料的化学键中。当汽油燃烧时，能量从这些化学键中释放出来，打破之前高度集聚的状态。之前的化学能转变为热能，释放在空气中的热量与之前汽油化学键中蕴含的能量在数量上完全相等。

生产能量的机器如果违背了热力学第一定律，那么它就变成了永动机。首先要说的是，历史上，从来没有任何人以任何形式成功地创造出永动机，然而，这并不能阻止人们挑战的脚步。在这个尝试的过程中，人们逐渐形成一种分类方法，把永动机概括为三类。第一类永动机是诸如 Steorn 公司的例子：机器一旦启动，就可以在没有任何能量输入的情况下持续做功，或制造的能量超过消耗的能量，如前所述，这样一台机器违反了热力学第一定律。第二类永动机是指违反热力学第二定律，将热量完全转化为有用功，而不产生能量损耗的机器。不知道大家有没有被割草机、摩托车或汽车的热排气管烫到手指的经历？假设这些设备的引擎属于第二种永动机，那么发动机就不会产生这种"热损耗"，因为它可以把汽油燃料中的化学能完全转化为有用功。第三类永动机也是这个术语最常用的情形，即在没有摩擦力和其他机械能损耗的情况下，物体永远保持运动的状态。

尝试创造永动机的人可谓数不胜数，他们通常试图利用杠杆作用来抵消热力学第一定律（如图 8 所示的负载轮），或利用磁力（如 Steorn 公司的装置）来作为尝试。负载轮尝试利用杠杆力臂的差异，让轮子在启动后持续旋转。如果推论正确，这个装置右边的负载在重力作用下，随着杠杆臂的伸展而产生的扭矩将大于左侧上升的负载所产生的扭矩。然而，上升一侧负载的数量更多，即便每一个上升负载产生的扭矩均比每一个下降负载产生的扭矩小，但最终的结果是，阻碍轮子旋转与带动轮子旋转的扭矩一样大。

由于轮子轴承和空气总会有一些摩擦造成能量损耗，尽管这种损耗很慢，但轮子最终还是会停下来。人们利用各种各样的科学原理来制造永动机，形状大小也千差万别，但很遗憾，它们都有一个共同点，那就是从未成功。

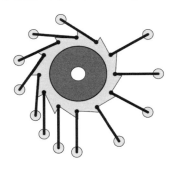

图8　负载轮或失衡轮示意图

永动机在发明界占有特殊的地位。自 1775 年以来，法国科学院一直拒绝与任何声称发明了永动机的人交流。过去很长一段时间，在美国申请专利时，专利局和商标局要求发明人在提交专利申请的同时应提交相应的实物模型，现在虽然对模型不再做要求了，但申请人必须向专利审查员证明相关设备符合宣称的设计性能。但是，如果想要申请永动机专利，请注意专利局《专利审查程序手册》第 608.03 节的提示："专利局通常不需要模型来验证设备的可操作性，但不包括永动机。"

专利局过去曾一直在颁发与永动机相关的专利，持续时间长达 150 多年之久。某一天，专利局宣布叫停，并开始实施新的政策，他们不想再上任何江湖骗子的当，不再仅仅通过考核书面申请来受理永动机的专利权。谁要是有制造永动机的伟大想法，那么在提交专利之前，先把它造出来再说。

大多数物理学家通常不愿意使用"不可能"这个词，但永动机是个例外，因为它完全违背了我们所理解的物理定律。那么，定律有没有被推翻重写之时？也许，爱因斯坦从根本上改变了我们对物理学定律的理解，他确实改写了某些物理学定律，但不包括热力学第一定律。

20.

火星诅咒

$$1\text{lbf} = 4.448 \text{ N}$$

磅力和牛顿的单位换算

这个方程展示的是力的不同单位，美国通用单位磅力（lbf）和国际单位（米制）牛顿（N）之间的大致换算关系。根据牛顿第二定律，1 牛顿定义为：使质量为 1 kg 的物体获得 1m/s^2 的加速度所需的力，方程形式是 $1 \text{ N} = 1 \text{ kg} \cdot 1\text{m/s}^2$。在美国惯用的单位制中，磅力满足基本关系：$1 \text{ slug} = 1 \text{ lbf} \cdot 1\text{s}^2/\text{ft}$，其中，slug（斯勒格，英制重量单位）是基本重量单位，它是由磅力、英尺和秒三个单位推导出的。

想象一下，一辆美国汽车行驶在另外某个国家，车上装载的是美制仪表盘。在一条蜿蜒的山路上，路标突然提示左转弯道和一个醒目的数字"60"。司机进入弯道，并将车速调整到60mi/h。突然间，司机意识到车速太快了，于是猛踩刹车，并祈祷自己不要从右侧车道滑下山谷。之所以出现这种情况，是因为路标上的"60"表示限速60km/h，换算成英里，警示车速约为37mi/h。路标和仪表盘都在和司机"交流"，但不幸的是，它们使用的是不同的语言。

如果司机足够幸运，安然逃过此劫，他一定会明白，在仪表盘和路标使用相同的速度单位时，他在转向前所做的减速调整，实际上还远远不够。尽管司机从未离开过地球，但有人或许会说他遭受了"来自火星的诅咒"。

尽管金星是离地球最近的行星，但毫无疑问，地球人对火星这颗红色行星更感兴趣。自从人类有能力将航天器送入茫茫太空，人们就无法抵挡来自火星的诱惑。自1960年苏联首次尝试探测火星以来，人类已设计了40多枚无人飞行器，用来探测火星信息并传回地球，这些飞行器有的从火星附近掠过，有的进入火星环绕轨道，有的在火星表面着陆。不幸的是，超过一半的探测任务都以惨败告终，其中最糟糕的一次，莫过于1999年的火星气候探测器探测任务。那次探测任务之后，科学界便有了"火星诅咒"这么一说。

火星气候探测器（MCO）是一个重达 750lb 的航天器，计划通过环绕火星运行，收集火星大气层信息和气候数据，为之后的探测任务做准备。美国航天局称之为第一颗"星际气象卫星"。MCO 于 1998 年 12 月 11 日发射升空，1999 年 9 月 23 日，当它进入火星大气层时，因高度有误而发生解体，任务以失败告终。

假如 MCO 搭载的计算机可以讲话，那么它可能会在任务失败前一刻抛出一句："休斯敦，问题出在……单位换算错了。"问题的确就是这么简单。从地球到火星的这 9 个月旅程中，MCO 上安装的机载软件控制着航天器启动推进器的方式和时机。后期，MCO 最关键的任务是从太空切入火星大气层。航天器进入行星大气层的方式至关重要。从真空的外层空间以 10 000 mi/h 的高速度进入大气层时，考虑到大气的密度，航天器必须遵循精心选择的路径，以便将其所受的外力降至最低。为了沿着既定路径运行，航天器必须在正确的时刻，以合适的强度启动推进器，否则，航天器将难以承受大气层引起的机械应力和热应力。

无人航天器由机载软件控制，软件接收来自地球上的任务指挥官发出的指令。为了确保在正确的轨道运行，MCO 配置了 9 个不同的推进器（小火箭），其中 4 个推进器可以产生约 5lbf（约 22.2 N）推力，另外有 4 个小一些的推进器，它们的最大推力约 0.2lbf（约 0.9 N）。在 MCO 飞往火星的漫长旅程中，这 8 个推进器负责控制 MCO 的行驶方向以及姿势，即航天器在太空中的方位。第 9 个推进器要大得多，能够提供约 144lbf（约 640.5N）的推力。这个更大的推进器唯一的任务，就是要确保 MCO 能够安全地"切入"火星大气层，最终在正确的轨道高度稳定运行。

在 MCO 飞往火星的整个过程中，地球上的任务指挥官们发现了一个让他们困惑的问题：航天器的轨道和姿势需要比平常做出更多的修正。部分原因在于 MCO 的设计，部分原因在于沟通失误，一个非常低级的失误。

确切地说，和开篇的山区驾驶逸事一样，从地球发送给 MCO 的命令使用的是美国惯用的单位，而 MCO 上搭载的软件采用的是国际单位（即通常所说的公制单位）。美国惯用的力的单位是磅力（lbf），而力的国际单位为牛顿（N），1 磅力[#]约为 4.45 牛顿，也就是本节介绍的换算公式。因此，发送到 MCO 推进器的数据命令被放大到了约 4.448 倍，结果是，当 MCO 接近火星准备首次进入大气层时，它降得太低了，也就是离火星表面太近了。原本应该是 140mi 的高度，变成了 35mi，航天器在这个高度根本无法运行。

美国航天局在关于这次事故的报告中总结道："今后在整个航天器设计和运行过程中，要确保前后使用一致的计量单

[#]在日常用语中，美国人说的"磅"，指的是磅力。

位。"这不是众人皆知的吗？是的，但还是需要有人把话讲明。

MCO 夭折之后，来自火星的诅咒似乎有所好转，没有再困扰那些探索红色星球奥秘的人。例如，"勇气"号和"机遇"号探测器在火星表面漫游的时间远远超过了之前纪录，并向地球传回了极其珍贵的数据信息。

未来，我们会把人类送上火星吗？也许会吧，尽管这项任务所面临的挑战与确保计量单位一致这件平常小事比起来不知道要难多少倍。

21.

我发现了！

$$\rho = m/V$$

密度公式

　　物体的密度 ρ 等于它的质量 m 除以体积 V。密度的国际单位是 kg/m^3。纯水的密度通常取为 $1.0 \times 10^3\ kg/m^3$，这是一个近似值。水在 4 ℃时密度最大，约为 999.97 kg/m^3。物质的比重是其密度与水的密度的比值，比重小于 1 意味着该物质的密度小于水的密度。

阿基米德是否真的在发现浮力原理后，一边在叙拉古[#]的街头裸奔，一边兴奋地高喊"我发现了!"（古希腊语为Eureka），其真实性无从考证，但这的确是一个伟大的故事。

国王耶罗二世请阿基米德为他鉴定一顶皇冠的真伪，国王想知道他的金匠是否欺骗了他。阿基米德明白，判断皇冠是否为纯金，只要对比这顶皇冠与黄金的密度就行。如果皇冠的密度比纯金低，那么它显然是由廉价和轻质的元素制成的，如铜合金。阿基米德也知道，物体的密度遵循我们这里的方程，$\rho = m/V$，其中ρ是物体的密度，m是物体的质量，V是物体的体积。要得到皇冠的质量很容易，但是想要知道这个复杂形的皇冠体积，就困难多了。

故事是这样的，这一天，阿基米德正在浴缸里冥思苦想，突然茅塞顿开：他想到，当把身体浸入浴缸时，水位上升的量相当于他身体的体积，如果能测量出水位的上升，那么就可以知道身体的体积——换作其他任何东西，都是一样的道理，包括国王的新皇冠。于是，豁然开朗的阿基米德起身直奔街头，大声喊着："我发现了!"

这个方法在理论上是行得通的。但也有不少人指出，在实际操作中，使用排水法准确测量皇冠的体积，从而测算其密度

[#] 锡拉库萨的旧称。——译者注

是相当困难的。

这个故事并非由阿基米德本人所述，而是在罗马作家、建筑师、工程师维特鲁威的巨著《建筑十书》中有记录，阿基米德在自己的著作中也没有提到过耶罗国王的皇冠。但可以肯定的是，阿基米德在他的著作《论浮体》中阐述了浮力原理，有时也称为阿基米德原理。阿基米德原理指出，当一个物体全部或部分浸没在液体中时，物体所受的浮力等于排开的液体所受的重力。

这个原理可以用来解开皇冠之谜。找一个双盘天平，一个托盘放皇冠，另一托盘放上等量的纯金来平衡。现在，把天平放进一个盛满水的容器里，让皇冠和黄金完全浸入水中。如果皇冠是纯金的，天平将继续在水中保持平衡；如果皇冠是由密度较小的合金制成，它将比天平另一侧的纯金体积大，因此皇冠所受的浮力要比纯金所受的浮力大，在水下，天平将不再平衡，皇冠一侧会向上倾斜。这种水下平衡技术非常灵敏，不需要像故事中一样测量排水量。因此，几个世纪后，一位声望不亚于伽利略的权威人士判断，阿基米德可能正是使用了水平衡技术来鉴定耶罗国王的皇冠。流体平衡技术（一般不使用水）至今仍然用来评估非常细微的密度差异，如应用于塑料等材料。

浮力原理还让远航成为可能。大型远洋船只几乎都是由钢铁制成的，钢铁的密度大概是水密度的 8 倍，船能够浮在水面上，是由于船体被造成了空心的，船的平均密度（钢铁和空气的质量总和除以总体积）小于水的密度。

阿基米德是有史以来最伟大的数学家之一，在古代，他被认为是最伟大的数学家。然而，他的贡献并不局限于纯数学领域。作为物理学家，他奠定了现代静力学和水力学的基础，如静力学中的杠杆原理和水力学中以他名字命名的高效螺旋泵——阿基米德螺旋泵。有一种被称为"阿基米德热射线"的战争武器，相传也出自他手。这个装置使用大量的镜子将太阳光聚焦在一个物体上，当敌人的木船靠近海岸时，如果能将足够多的阳光聚焦在船上，就可以引燃木船。后来，人们不停地去尝试复现这项技术，结果都不尽如人意，其中包括热播电视节目《流言终结者》（*MythBusters*，专门验证流言真伪的一档美国节目）中展现的几个著名方案。

公元前212年，阿基米德死于一名罗马士兵之手。时逢第二次布匿战争，叙拉古已经被围困两年之久，当这座城市最终沦陷时，敌方统帅严令士兵稳妥缉拿阿基米德。当时的情况，大概相当于第二次世界大战期间抓捕阿尔伯特·爱因斯坦。关于罗马士兵闯入阿基米德住所后发生的事情，坊间流传过好几种说法，有一个版本相传：阿基米德拒绝与士兵配合，并请求士兵允许他完成手头的未尽之事，士兵最终刀剑相加。据说阿基米德在倒下前一刻，指着他未完成的几何图形说："请不要破坏它。"

22.

积少成多……

$$FV = PV \left(1 + \frac{i}{n}\right)^{Yn}$$

复利计算公式

一笔存款储蓄若干年以后的数额 FV，可以由现值 PV 通过上面的公式计算出来，其中，年利率为 i，存款年数为 Y，每年的计息期数为 n。在连续复利的情况下，当 n 接近无穷大时，方程变成 $FV = PVe^{Yi}$。

想当年，人们还常常会把钱存到银行，银行又把储户存的钱转借给别人。作为交换补偿，银行会额外付给储户一笔小钱，那一点儿额外的小钱就是所谓的利息。

假如你在银行存了 100 美元，银行愿意支付 5% 的利息，按年来计息，一年期满后会有多少余额呢？按照上面的公式，PV 是账户现值，也就是 100 美元，给定利率 i、每年的计息次数 n、年数 Y，可以计算出未来的账户余额 FV。在这个小例子中，$i=5\%$，$n=1$，$Y=1$。因此，按年息 5% 算，这 100 美元，一年后的账户余额将变为 105 美元。

利息还有另外一个方向。假如你想从银行借 100 美元，银行借给你钱的同时，会收取附加利息。你可以用上面的公式，计算除了所借的本金之外还需支付银行多少钱，因为银行在一定的时间内以一定的利率把钱借给了你。

诸如此类问题的计算是现代经济体系中不可或缺的一部分，支付房贷、车贷和信用卡还款，获取银行存款或债券利息，都会涉及利息，很难想象没有利息的日常生活会变成什么样子。估计很多人不知道，在《圣经》里其实是禁止收取利息的。

翻一翻新版美国标准《圣经》，其中《旧约全书》申命记 23：19 中写道："万不可向兄弟姐妹放贷，不论是金钱、食物或任何东西。"长期以来，天主教会一直谴责收取利息的行为。圣托马斯·阿奎那（1225—1274）认为，收取贷款利息不可取，如果这么做的话，代表既对"物品"本身收息，又对物品的"使用权"收息，这就是双重的盘剥。过去，"高利贷"一词用来指任何东西产生的利息，如今，高利贷专指高额利息。

最终，西方社会逐渐转变了观念，认为经营中收取利息天经地义。14—15世纪初，西班牙萨拉曼卡学派是当时颇有影响力的一个学术中心，研究涉及神学、司法和经济学等多元主题，他们提出了货币时间价值的基本概念，尽管不是从方程的角度。萨拉曼卡学派认为，当有人把钱借给你后，意味着他放弃了在整个借贷期内对这笔钱的使用权，对这种经济权利的丧失进行补偿是很自然的事情，因此，利息的收取没有任何问题。1545年，正值亨利八世统治英国时期，政府颁布了一项法律，正式将收取利息合法化。

即便是今天，利息问题在伊斯兰世界仍然是个棘手的事情。伊斯兰银行必须遵守伊斯兰法律，一般禁止收取利息。打个比方，西方银行借钱给你买房，这种借贷称为抵押贷款，借款方必须在贷款周期内向银行偿还本息，逾期将面临严厉的惩治措施。为了避免利息问题，伊斯兰银行可能会先把房子买下来，然后再加价售予买方，买方可以分期偿还房款，但法律禁止银行对逾期还款行为实行罚款制度。为了防止违约，所有银行均要求此类交易必须提供抵押物。不管是西方银行，还是伊斯兰银行，本质上都是一样的，因为在买房这件事上，它们的目的都是为了谋取利益，但在形式上，两种有所区别。如今，大型国际公司想要在伊斯兰国家做生意，通常要在员工培训上投入大量时间和金钱，入乡随俗是所有商业行为的基础。

撇开宗教信仰，利率、复利周期等类似问题完全是实实在在的应用数学，但这类计算问题的背后又是"纯"数学中的基本原理。

e 并不是一个大家都特别熟悉的数学常数，但对科学家，如数学家来说，e 和它著名的"远房亲戚"π 一样重要。e（多产而卓越的欧拉发现了这个常数）的定义有很多种，例如，e 是自然对数为 1 的数。瑞士数学家雅各布·伯努利是最先发现常数 e 的科学家之一，他在 1683 年研究的并不是对数，恰恰是复利，特别是连续复利的情况。

计算机出现之前，受计算能力限制，每年计息的次数不会太多。例如，典型的情况是按季度来计算复利，即每年 4 次。现代计算机出现后，计算复利变得简单起来。连续复利方程与本节的方程还有所不同，现值为 PV 的一笔钱，未来价值 FV 按如下公式计算，其中，i 为年利率：

$$FV = \lim_{n \to \infty} PV \left(1 + \frac{i}{n}\right)^{Yn}$$

这正是伯努利研究的数学极限：

$$\lim_{n \to \infty} \left(1 + \frac{1}{n}\right)^n = e \approx 2.718$$

但是伯努利只能证明这个极限值在 2 和 3 之间，至于计算 e 的精确值，是后来人的杰作（e 和 π 一样，都是无理数）。

任何情况下，只要假定上面的极限值为 e，则连续复利方程变为 $FV = PV \cdot e^{Yi}$。

回到上面的例子中，按 5% 的利息算，100 美元 1 年后变成 105 美元，按连续复利公式计算的结果为 105.13 美元，两者相差很小。但不要被表象所迷惑，适当拉长周期，放大利率，最终，结果会有天壤之别。

23.

当我拥有了大脑

$$a^2 + b^2 = c^2$$

毕达哥拉斯定理

毕达哥拉斯定理描述了直角三角形三条边之间的关系。直角三角形中，有一个角为 90°，假设两条短边分别长 a 和 b，90°角所对的长边，即斜边长度为 c，那么，两条短边的平方和 $a^2 + b^2$ 等于斜边的平方 c^2。

如何向朋友展示你的聪明才智呢？倒不妨学学电影《绿野仙踪》中的稻草人。最后，稻草人终于拥有了自己的大脑，为展示他的智慧，稻草人立刻说出毕达哥拉斯定理，欢呼道："啊！好开心啊！我有大脑了！"有趣的是稻草人弄错了，他所讲的毕达哥拉斯定理几乎面目全非。让我们看看能否帮这位朋友纠正一下。

毕达哥拉斯定理是几何学中最有名的，同时也是最有用的定理之一，它适用于所有直角三角形。对于任何直角三角形，最长的边，即斜边长度的平方，等于其他两条直角边长度的平方和。在本节的方程中，c 是斜边的长度，a 和 b 是两条直角边的长度。

毕达哥拉斯，公元前 570 年左右出生在希腊的萨莫斯岛，是我们现在所说的"前苏格拉底时代"中最著名的希腊哲学家之一。他感兴趣的领域远不止数学，还涉及形而上学、政治和音乐。毕达哥拉斯大概 75 岁时去世，但后世对他的生平所知甚少。关于毕达哥拉斯，人们了解或口口相传的大部分信息，大都出自几个世纪后出版的著作。他也许是一个永远都无法解开的谜。

"万物皆数"是毕达哥拉斯学派的座右铭，该学派是一个由毕达哥拉斯领导的秘密学会。严格保密再加上口口相传知识的习惯，几乎没有给后人留下多少记录。声学是人类最早探索的科学领域之一，毕达哥拉斯学派发现了振动的弦产生的音高与弦长成反比，这可能是人类尝试量化自然现象最早的标志性成果之一，此类研究属于我们今天所说的数学物理。这个发现之所以出现在音乐领域并不奇怪，音乐是古希腊教育的"四艺"之一，与数学、几何学和天文学并列。所以，在古希腊，音乐和数学的地位同等重要，尽管事实如此，今天的人对此还是会觉得有些奇怪。还有很多音乐上的发现，相传都源于毕达哥拉斯学派，但均缺乏相关的证据支撑。

这个用毕达哥拉斯名字命名的定理，它的历史脉络也有些令人疑惑。巴比伦人、中国人，他们发现这个定理的时间要比毕达哥拉斯早几百至上千年，或许毕达哥拉斯和他的弟子是最早给出数学证明的人，姑且存疑吧。

说到数学证明，毕达哥拉斯定理的证明并不难，而且有很多种方法，有的比较精练，有的烦琐一些。事实上，这个定理的证明方法之多，可能是任何一个数学定理都无法比拟的。据伊莱·马奥尔的著作《毕达哥拉斯定理四千年史》所述，该定理有超过400种不同的证明方法，阿尔伯特·爱因斯坦在他12岁时就发明了一种证明毕达哥拉斯定理的方法。

还有一位贡献证明方法的人，詹姆斯·加菲尔德，后来成为美国总统。1876年，在证明该定理之时，他还是当时的美国众议院议员。用他的话来说，证明的灵感来自"消遣时与其他议员讨论数学"。加菲尔德后来把他的证明方法发表在《新英格兰教育》杂志上。时代变迁，如今的人们可能会质疑国会议员哪有闲暇时间来"讨论数学"，但我们这里不谈政治。数学领域内还没有哪个定理能够像毕达哥拉斯定理一样如此浑然天成。

今天，毕达哥拉斯定理的表述方式通常就像我们描述的那样：直角三角形各边的关系可以用一个漂亮、简洁的方程 $a^2 + b^2 = c^2$ 来表示。但在毕达哥拉斯时代或更早，该定理描述的是面积问题，而不是直角三角形或代数，如图9所示。这个图与著名的毕达哥拉斯定理密切相关，通常被称为"风车""孔雀的尾巴""新娘的椅子"。图中，最大的正方形（边长为 c）的面积等于两个小正方形（边长分别为 a 和 b）的面积之和，也即 $a^2 + b^2 = c^2$。这两种描述毕达哥拉斯定理的方法在数学上是等价的。

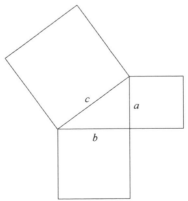

图9 毕达哥拉斯定理的"风车"形式

有人建议，毕达哥拉斯定理的风车形式应该变成一个巨大的永久性符号（可以由西伯利亚的一排排松树和巨大的麦田拼出来，要足够大，保证在火星上都可以辨认出来），这样外星人就会知道，地球上确实存在着智慧生命。这个建议据说是伟大的德国数学家卡尔·弗里德里希·高斯提出来的（可能是谣传而已），但一直没有付诸实践。

毕达哥拉斯定理适用于所有直角三角形。然而，几乎从一开始，数学家们就非常热衷于研究 a、b 和 c 是正整数（大于零的整数）的情况。例如，边长为 3、4 和 5 的直角三角形符合毕达哥拉斯定理，因为 $3^2+4^2=5^2$。事实上，有无限多个这样的"毕达哥拉斯三元组"，其中三个数都是正整数。换句话说，一个整数的平方（这个例子中是 5）可以表示为另外两个数（本例中是 3 和 4）的平方之和，这种例子很多。

但是，如果这个等式中的三个数不是平方，而是把幂次再增加一点，比如 3 次方或 4 次方，结果会如何呢？事实证明，这种情况下对于任意正整数 a、b 和 c，等式都不可能成立。例如，不存在正整数 a、b 和 c，使 $a^3+b^3=c^3$ 成立，这里描述的是另外一个数学事实，它和毕达哥拉斯定理一样正确，但这又是如何发现的？欲知详情，且听下回分解。

24.

因为它就在那里

$$a^n + b^n = c^n$$

费马–怀尔斯定理/费马大定理

该方程中，指数 n 以及 a、b、c 都是正整数，费马大定理指出：当 n 大于 2 时，该方程没有解。这个定理是皮埃尔·德·费马于 1637 年提出的一个著名猜想，但直到 1994 年才被安德鲁·怀尔斯爵士证明。

对普通人来说，那些伟大的数学难题大都艰深晦涩，不仅问题的证明难懂，有时，甚至想要搞清楚这些伟大的数学家所提出的问题本身的意思也不是一件容易的事。幸好我们本节讨论的主题不属于这种情况，费马大定理本身的含义非常明晰。如今，我们已经证明了这个定理是完全正确的，虽然证明的过程极其复杂，但任何懂一点数学知识的人都能看得懂。

在正式进入主题之前，我们先观察一下这个方程，它的形式非常简单，如果令 n 等于 1，那么这个方程就是 $a+b=c$，显然，对大于零的整数（正整数）a、b、c，这种情况下有无数组解，例如，$1+2=3$。如果令 n 等于 2，方程变成 $a^2+b^2=c^2$，此时就变成毕达哥拉斯定理的形式，我们之前做过讨论，有很多组正整数 a、b、c 满足方程，例如，$3^2+4^2=5^2$ 或 $5^2+12^2=13^2$。

所以，当 n 等于 1 或 2 时，方程有很多组解。如果 n 等于 3 或 4 呢？或者更大的数呢？费马大定理指出，如果 n 大于 2，这个方程就没有解，即不存在满足方程的正整数 a、b、c。但这个结论至少有两点让人感觉不可思议：首先，a、b、c 的个数无穷无尽，在无穷多个数中，难道就找不到一个例子，在 n 大于 2 时，该方程成立？然而，费马大定理告诉我们，事实的确如此。其次，怎么可能会有人证明它的正确性？费马当时在研读一本拉丁文的希腊数学著作，读到关于这个方程的讨论时，他在书的空白处写道"我找到了一个绝妙的证明方法"，接着又补充道"可惜空白的地方太小，写不下"。这也成为数学史上最有名的悬案。

300 多年来，数学家们在寻找"绝妙的证明方法"的路上一直乏善可陈。我们现在习惯称之为费马大定理，其实更准确的名称应该是费马-怀尔斯定理。直到 1994 年，英国数学家安德鲁·怀尔斯才真正完成该定理的证明。页面空白太小，写不下证明，这真是轻描淡写。怀尔斯 1995 年公布的证明过程长达 100 多页，图 10 是捷克共和国为纪念这一事件于 2000 年发行的邮票。

图 10　捷克共和国 2000 年发行的纪念邮票，主题为费马大定理和安德鲁·怀尔斯的数学证明

（图片经授权转自 www.cpslib.org/aip/2000-260.htm，2013 年 7 月 28 日）

皮埃尔·德·费马出生于 1601 年，逝于 1665 年。他是一名贸易律师，数学家仅仅是他的业余身份，但其在数学领域成绩斐然。费马在他的故乡法国被人们誉为 "*le Prince des Ama-*

teurs"，翻译成"业余数学王子"还不完全准确。在法语中，"*Amateurs*"译为"爱好者"或"鉴赏家"更接近，也许当时的费马更接近"数学鉴赏之王"。他与同时代大多数伟大的数学家都有往来，但自己很少发表论文，我们主要是通过他与别人的通信，了解了他的数学天赋。

费马涉足多个数学领域，但他最喜欢的方向似乎是数论。数论属于纯数学的一个分支，专门研究整数及其性质。数论学家的工作就是在整数或整数的子集中探寻规律，例如素数就是整数的一个子集（如 3、7 或 23，它们只能被 1 和自己整除）。

由于方程中 a、b、c 和 n 都是整数，费马大定理实际上属于数论范畴。费马本人是数论史上公认的最重要的人物之一，他潜心研究素数和"完全数"等问题。所谓完全数，是指一个整数正好等于它所有因数之和。例如，第一个完全数是 6，因为 $1+2+3=6$，而 1、2、3 为 6 的因数；接下来的完全数是 28（$1+2+4+7+14$）；然后是 496 和 8128。再往后的完全数就非常大了，而且增速非常快。目前，人们发现的完全数只有 47 个，其中，最大者是一个将近 2600 万位的数！完全数有一个奇怪的特点，迄今为止发现的所有完全数都是偶数，但已经证明，如果存在奇数完全数，那么此数必须大于 10^{300}。证明（或证伪）奇数完全数的存在性仍然是数论领域中一个悬而未决的问题。

一个奇数完全数是否存在，这样的问题有何意义？同样，费马大定理本身有什么意义？恐怕很多人的答案都是"没什么意义"，特别是与本书中其他改变人类生活方式的方程相比。尽管关注的人很多，但人们研究费马大定理也许仅仅是好奇使然。

人们为什么要爬山？因为它就在那里。对于那些心驰神往的人来说，解决数学难题也是如此。费马大定理是一个有趣的命题，特别是费马写在空白处的评论，轻描淡写下隐藏的是无比诱惑，让它像珠穆朗玛峰一样矗立了 3 个多世纪。珠穆朗玛峰在等待埃德蒙·希拉里爵士，费马大定理也在等待像安德鲁·怀尔斯爵士这样的征服者。

25.

四只眼睛

$$\frac{\sin\theta_1}{\sin\theta_2} = \frac{n_2}{n_1}$$

斯涅耳–笛卡尔折射定律/斯涅耳定律

光线从一种介质传播到另一种介质时，方向会发生改变，这个定律描述了光线发生折射现象时，入射角和折射角之间的关系。其中，n_1 和 n_2 分别是光在两种不同介质中的折射率，θ_1 和 θ_2 分别是光束通过两种介质界面时与法线的夹角。

没有人确切知道眼镜是谁发明的，但它的历史重要性毋庸置疑。在新千年伊始进行的一项网络调查中，一些知名学者认为眼镜是过去2000年中最重要的发明之一。心理学家尼古拉斯·汉弗莱说："对从事大量阅读或精细工作的人来说，眼镜有效延长了他们的职业生涯。同时，眼镜的出现给40岁以上的人提供了更多机会。"据可靠研究表明，历史上第一副眼镜由1286年比萨附近一位不知名的工匠发明，是由两片金属或骨质材料镶边的凸透镜通过铆接方式制成的，可以夹在鼻子上或固定在眼睛前面。

　　眼镜其实是一种通过镜片纠正人们视力缺陷、提高视力的便捷工具。眼镜的关键部件是镜片，虽然眼镜的历史有700多年，但人造镜片的历史要长得多。迄今为止，最古老的镜片发现于现在的伊拉克北部，有3000多年历史，即尼姆鲁德透镜（Nimrud lens），直径约1.5in，厚度约1in，由较透明的岩石晶体打磨制成，一面是平面，一面是凸面。研究人员推测，它当时应该是被当作放大镜来使用，也可能用来聚光取火。

　　尼姆鲁德透镜和此后所有的透镜一样，都是用来改变光的传播方向。但是，镜片背后物理定律的发现要比镜片的发明晚了大约2000年。所谓折射定律，或斯涅耳定律，或斯涅耳-笛卡尔定律，早在公元984年，巴格达学者伊本·萨尔在其著作

《论取火镜与镜片》中就率先对此进行了描述。

　　光从一种介质传播到另一种介质时发生弯曲，人类意识到这个现象要比制造出透镜的时间早得多。最初的渔民，他们一定很早就知道，清澈溪流中游泳的小鱼在水中的真实位置与看到的情况并不一致，因为光线从空气射入水中后会改变方向。人类用很长的时间，从朴素的观察中抽象出折射定律的数学表达，真可谓智慧凝聚的壮举。

　　我们先看方程的右边 n_2/n_1，这个比值中，n 是给定介质的折射率，折射率本质上也是一个比率，代表光在真空中的传播速度与在该介质（如水或空气）中的传播速度之比。水的折射率约为 1.33，也就是说光在真空中的传播速度是在水中传播速度的 1.33 倍。空气的折射率约为 1.000 3，说明光在真空（如外层空间）中比在空气中的传播速度快一点儿。

　　再来看方程左边，如果有激光笔的话，我们可以将启动后生成的激光束对准一杯水的表面。此时，假设激光束与垂直于水面的直线之间的夹角为 θ_1，如图 11 所示，水下激光束与垂直于水面的直线之间的夹角为 θ_2，这两个角度并不相等，因为水使激光束发生了弯曲。弯曲的程度如何？通过方程我们知道，如果 θ_1，即激光进入水中时的角度是 30°，那么水面下的角度大约是 22.1°，即：

$$\frac{\sin 30°}{\sin 22.1°} = \frac{1.33}{1.000\ 3}$$

　　利用折射定律和不同形状的透镜，我们可以按照设想的方式来随意改变光线的方向。

这样一来，我们便又回到了眼镜的问题上。通过使用不同形状的镜片，眼镜可以矫正眼球形状上的各种遗传缺陷，也可以矫正我们熟知的老视问题。人类的眼睛有两个独立的透镜：一个透镜是位于眼球前端的眼角膜，具有强大的屈光能力，但屈光的范围相对有限；另一个透镜位于眼球内部，韧性很强，特别是在青少年阶段。当我们看远处物体时，眼球内部肌肉会让这个镜头变平，当需要聚焦近处的物体时，肌肉又让它鼓起来。完整的过程是，进入眼睛的光经过角膜和内部透镜，聚焦在眼球后部的视网膜上，激发视网膜上的生物电信号，然后传输给大脑。

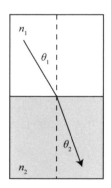

图11　光穿越不同介质时发生折射现象

如果进入眼睛的光线不能精确地聚焦在视网膜上，结果就是视力模糊或图像扭曲。大多数时候，眼镜都可以派上用场。

一般来说，眼镜最早的用途是矫正老视问题，或所说的"老花眼"。随着年龄的增长，眼球内的晶状体会失去弹性，调节能力不再像年轻时那样完美，这样导致的结果是：阅读图书、报纸、计算机屏幕时，必须要离远一些才能看清楚。许多人到 40 多岁时，老视问题就开始逐渐加重。一副合适的眼镜——阅读镜，就可以很容易地解决这个问题。

阅读镜其实已经有 700 多年的历史了。如今的眼镜也可以纠正除老视之外的许多问题，如近视、远视、散光等。所有这一切给了老年人一个继续战斗的机会，允许他们也成为世界的主角，而不仅仅是 40 岁以下的年轻人。

26.

如受蜂芒

$$HN_{sx} = \sum_{j=1}^{J} N_{js}p_{jx}$$

自然授粉的适应性模型

自然授粉需要满足两个基本条件：授粉物种适宜的生存环境和花粉源，这两个条件都可以纳入数学模型。对某个地块 x，自然授粉物种 s，方程描述了自然授粉的适应性模型 NH_{sx}。其中，假设地块 x 有多种覆盖类型，用 $j=1$ 到 J 表示，N_{js} 表示地块 x 内某个覆盖类型 j 对物种 s 的相容性，p_{jx} 表示该覆盖类型 j 占地块 x 的比例。由这个方程可以组成一个更全面的数学模型，用于预测不同自然环境中各种类型野生授粉物种的相对丰度。

美国人的日常食物中，大概有 1/3 是蜜蜂授粉的结果，因此，美国农业 150 亿美元的年产能中，蜜蜂发挥了重要作用。蜜蜂参与授粉的植物种类数不胜数，包括杏仁、西瓜、草莓、柠檬、酸橙、苹果、可可、南瓜、洋葱、花椰菜、芥花油菜、大豆、油菜籽和棉籽，最后四种作物还可以用来生产生物柴油，也就是说，蜜蜂授粉还为人类和动物之外的其他物件提供了燃料。

之所以列出上面这些信息，目的就是想让读者了解所谓的"蜂群崩溃综合征"的严重后果。从 2006 年开始，北美和欧洲蜜蜂种群遭到严重破坏，据蜜蜂饲养人员反映，他们的蜂巢数量当年锐减了 50%—90%。正常情况下，碰到严酷的冬天，损失率大概在 10%—25% 之间，但 2006 是不寻常的一年。

养蜂是一种古老的习俗，人类驯化蜂群来制造蜂蜜的历史至少可以追溯到 4000 多年前。古希腊，亚里士多德写了大量关于养蜂的文章。北美并非蜜蜂的原产地，这里的蜜蜂最早于 16 世纪由欧洲引进。北美的大多数蜜蜂驯养在蜂箱里，同时也有一些野生种群，但近年来数量一直在减少。

如今，人工饲养蜜蜂主要为了生产蜂蜜、蜂蜡或授粉。在美国，迁徙的养蜂人为人们提供授粉服务，已经有 100 多年的历史。人工授粉已经成为一种专门的商业服务，而且普及率比我们想象中要广得多。商业化农场规模迅速壮大，以至于单靠野生蜜蜂和其他昆虫的自然授粉过程难以支撑农作物的正常生长。因此，美国现代农业紧密依赖迁徙的养蜂业，人类承担了原本属于大自然的工作任务。

蜂箱在不同的农业区辗转，迁徙的养蜂人为这些地方提供授粉服务，常常应接不暇。这是一门很好的生意，作为一个专门的商业群体，养蜂人从事授粉服务的收入要远远高于生产蜂蜜。

一些农业界人士主张重返自然耕作方式，包括回归自然授粉。为了实现这一目标，部分农田必须休耕，以便大力提高自然授粉的作物产量。这些积极的倡导者认为，与依赖单一的、人工管理的授粉物种（蜜蜂）相比，自然授粉可以提高作物授粉的质量、数量和稳定性。

本节的方程提供了一种评估自然授粉"适应性"的方法。方程的左侧 HN_{sx}，表示某地块 x 对本地块内野生物种自然授粉的适应性模型。方程的右侧，通过加总地块内各个覆盖类型 j（森林、田地、湖泊等）的情况来计算总适应性；N_{js} 代表地块 x 内某个覆盖类型 j 对物种 s 的相容性，这个参数取决于该覆盖类型 j 为特定野生物种 s 提供的气候环境和食物供给；p_{jx} 代表某种土地覆盖类型 j 占总地块 x 的比例。

这个方程只是一个数学模型，针对不同地块的管理方案，可以做模拟分析和权衡比较。但有一个前提条件：如果想鼓励自然授粉，那么必须要为授粉物种提供更适宜的自然环境。部分研究成果显示，农民实际上可以通过让大部分土地休耕来增加农场的总产量，这看上去有些不可思议。自然授粉的增加，可能会有效弥补因缩减耕种总面积带来的产量下降。

果不其然，并非所有的农民都相信这一点，有些人对目前依赖人工授粉的现状相当满意。但这个"现状"如今受到严峻的威胁，就如本文开篇提到的——人工饲养蜜蜂的数量开始锐减。

以前也曾发生过类似情况，但损失的严重性无法与"蜂群崩溃综合征"相比。如果这场灾难的原因至今没有搞清楚，绝不是因为调查工作不到位。人工饲养蜜蜂对经济的重要性，驱使人们投入大量的财力去寻找其中的原因。而原因可能是多方面的，早期研究指出，无线电信号干扰了蜜蜂的导航能力，进而削弱了它们的免疫系统。事实的真相非常朴素，"蜂群崩溃综合征"可能是由多种因素引起的，包括杀虫剂、寄生虫和病毒，其他因素，如严冬、过度迁徙和营养不良，让这种情况雪上加霜。

过度迁徙不仅是导致种群数量下降的一个综合性因素，而且也加速了病原体在蜂箱中的传播，这是一个严重的问题，因为家养蜂群数量的减少，最终会波及全国。实际上，每年约有130万只规模的蜂群（约占美国授粉蜂群的一半）聚集在加利福尼亚为杏仁作物授粉，如此大规模的集聚为疾病滋生提供了温床。

　　蜜蜂属于群居生物，专业术语称为"真社会性"。无论是人工饲养的蜜蜂还是野生蜜蜂，它们都不能离群索居，而必须依靠蜂巢和蜂群中的结构化生活，来维持健康的生命。科学家对哪些因素可以促进种群健康进行了研究，虽然取得了一些进展，但仍然不完善。

　　美国农业研究局对上述问题进行了研究，并做了一些全局性部署。截至 2012 年，人工饲养蜜蜂提供的农作物授粉服务缺口尚在可控范围之内。然而，我们的食物供应体系对单一物种的严重依赖着实令人担忧。

　　对人工饲养蜜蜂授粉的依赖折射出农业中的一个更大问题，农作物的供给越来越依赖于单一或极少数来源，大型工厂化农场和小型家庭农场体系到底孰优孰劣？单一来源提供了一定的经济优势，但也带来了额外的风险。例如，从由受污染农产品引起的大肠埃希菌感染暴发，到我们赖以授粉的人工饲养蜜蜂种群崩溃，单一来源的问题可能会带来灾难性后果。下次我们坐下来吃饭的时候，应该好好想一想这件事情。请把蜂蜜递给我。

27.

太阳来了

$$SPF = \frac{使用防晒霜后的晒伤时间}{未使用防晒霜时的晒伤时间}$$

防晒指数计算公式

防晒指数（SPF）是一个衡量防晒霜有效性的数值。计算 SPF 时，需要对志愿者进行人工紫外线控制性照射实验，分别统计在使用和未使用防晒霜的条件下，晒伤皮肤所需时间的平均经验值。

伍迪·艾伦在电影《安妮·霍尔》中提醒我们："晒太阳对身体没什么好处。凡是我们父母说好的东西，没有一个是好的，晒太阳、牛奶、牛羊肉、大学。"晒太阳真的会造成伤害，尤其是晒过度以后，一定会让你后悔上一阵子，有时还可能造成更大的遗憾。

科技通常会扮演救星的角色，于是，防晒霜应运而生。这是一种神奇的混合物，只要把它们涂在皮肤上，就像本节公式展示的，保护皮肤在阳光下不被晒伤的时间会被延长好多倍，这个倍数称为防晒指数（SPF）。

所有防晒霜的包装上都会标有防晒指数。举个例子，假如皮肤在没有防护的情况下，持续暴露在阳光下 20 分钟左右开始被晒伤，用这个时间乘 SPF 数值，例如 SPF = 10，我们就知道，在使用这种防晒霜后，可以在阳光照射下保持不被晒伤的时间是 200 分钟（20×10 = 3 小时 20 分钟）。严格来说，该方程适用于辐射强度恒定的情况，但现实生活中并非如此。尽管这样，用这个方程来判断防晒霜的防护时间还是很有参考价值的。

太阳光谱可分为三个区域，波长较长的一端属于红外区（红外辐射波），挨着红外区的是可见光区，即我们能看到的部分，红外区和可见光区对皮肤没有特别的伤害。处在太阳光谱短波区的紫外区（UV），便是我们担心的部分，它可以灼伤皮肤，甚至造成更严重的后果。太阳光谱中紫外区大约只占总能量的8%，但足以对人体造成严重损伤。紫外区通常又分为UVA和UVB两部分，UVB的波长比UVA的波长短，但能量更大，通常更具破坏性。

SPF的评定一般是通过受控实验来完成的。受试者通常为阳光敏感类人群，实验为期2天。第1天，在没有任何防护的条件下，让每个受试者的背部皮肤局部暴露于紫外线辐射中（人工光源，而非太阳光），记录皮肤出现淡红色（按色度量化）所需的时间。第2天，同样一批受试者，在背部邻近的不同部位涂上防晒霜，记录UVB射线产生相同的淡红色所需的时间。那么，SPF的数值，就是使用防晒霜情况下，皮肤出现淡红色所需的时间除以未防护条件下出现淡红色需要的时间。由于皮肤的个体差异，该组的SPF要取平均值，并四舍五入。

化学家们配制防晒霜的水准越来越高，多年来，防晒指数一直在稳步增长。截至目前，市面上防晒霜的SPF小的有2，大的能达到130。也有人质疑，到底是使用高防晒指数产品好，还是多次使用低防晒指数的产品更安全。在上面描述的SPF测试方法中，只涉及UVB，通过测试的防晒霜不一定能抵御UVA。如果想要同时避免UVA和UVB的侵害，就要关注产品说明中是否有"广谱"（broad spectrum）防晒的标签。

更高的防晒指数意味着更长的保护时间，但无论防晒指数是多少，都不能提供 100% 的 UVB 防护。当 SPF 为 15 时，约 94% 的 UVB 可被防晒霜吸收；SPF 加倍到 30，能抵御 97% 的 UVB；当 SPF 为 50 时，对 UVB 的吸收率约为 98%。在美国，SPF 的评级通常由食品和药品管理部门负责监督，他们一直在考虑是否要对 SPF 设定上限或最高值，这样就不会误导消费者。否则，人们会以为，使用高 SPF 值的防晒霜可以全天候 100% 防晒。

防晒霜分物理防晒和化学防晒两种，物理防晒霜是由氧化锌或氧化钛等化合物制成的，它们可以形成一个屏障层，反射阳光中的有害部分，白种人有时会用来涂抹鼻子。另外一种化学防晒霜，不仅仅是简单地屏蔽有害的紫外线，它是一种由无机成分和有机成分组成的混合物，可以阻挡和吸收紫外线，其中的氧化锌颗粒可以反射阳光，但这些微小的颗粒肉眼一般看不到，其中的有机分子可以通过吸收有害波来达到保护皮肤的目的，有点儿像水分子在微波炉中吸收微波辐射一样（水因此会变热）。由于防晒霜中的有机分子吸收了有害辐射，使射线无法与皮肤发生相互作用，也就无法损伤皮肤。

防晒霜会让人陷入选择困境。高防晒指数确实能提供更长时间的保护，但普通人的涂抹量通常不足，有时候大概是实验室测试用量的一半左右，如果是这种情况，那么包装瓶上的 SPF 就要打对折了。如果游泳、出汗或者擦拭皮肤，那还要频繁地重新涂抹防晒霜。有些声称防水防汗的防晒霜，效果也是参差不齐。为了让防晒霜达到最好的防护效果，建议在暴露前30分钟时涂一次，接着在第一次暴露30分钟后再涂一次，之后还要每两个小时重新涂一次。

妈妈叮嘱你去室外活动活动，这仍然是个好建议，但别忘了涂上防晒霜。

28.

站得住脚

$$F = \frac{\pi^2 EI}{(KL)^2}$$

欧拉屈曲方程

欧拉屈曲方程描述了一根细长的杆子受到压力发生弯折时，压力和相关变量之间的关系。让细杆弯折所需的压力 F 与如下变量相关，包括杆长 L、杆子相应材质的弹性模量 E（假设材质均匀）、杆横截面的惯性矩 I，常数 K 取决于细杆两端的支撑类型。

有没有想过，为什么蚂蚁的骨骼在体外，而人类的骨骼在体内？外骨骼这种方式对蚂蚁非常有用，为什么不适合人类呢？我们可以从本节的欧拉屈曲方程中看出端倪。"屈曲"是一个技术术语，指的是一种特定的结构失衡方式，可以用一个简单的例子来说明：找一根塑料吸管，用两根食指分别抵住吸管两端，逐渐同时向吸管施加压力，只需几磅的力道，吸管就开始弯曲，直到突然一下弯折，这里的弯折就是所谓的"屈曲"。

屈曲是一种潜在隐患，它可能导致桥梁等建筑物坍塌，其实，只要超过建筑材料的承载极限，哪怕只是超一点儿，就会在毫无征兆的情况下引发悲剧。瑞士数学家、物理学家欧拉（1707—1783）1744 年提出这个方程：导致细长柱状物（如饮料吸管）发生屈曲的压力 F，与材料的弹性模量（或刚度）E 和细柱横截面的惯性矩 I 的乘积成正比。方程分母中的 K 是一个常数，与细柱两端的支撑方式有关，L 是细柱的长度。

注意分母中是 L 的平方，在前边的例子中，如果用剪刀把塑料吸管剪成相等的两段，然后再试着用手指压弯吸管，由于长度减为之前的一半，根据欧拉屈曲方程，吸管弯折所需的屈曲压力为之前的 4 倍。或者换一根长度为原长 2 倍的吸管，屈曲压力就变为原来的 1/4。现在谈到的长度因素，还不足以解释我们开篇抛出的关于蚂蚁骨骼的问题。

外骨骼在昆虫中很常见，其他物种也有这种情况。外骨骼除了能够在结构上发挥支撑作用，还可以提供类似盔甲的功能，这是人类和其他哺乳动物、鸟类等内骨骼生命体所不具备的。此外，有些物种（如乌龟）既有内骨骼又有外骨骼，而在哺乳动物中，犰狳是一个例外，它长有退化的外骨骼。甲壳类动物中，如螃蟹和龙虾都有外骨骼。寄居蟹会捕食海贝，并征用它们当作外骨骼，随着个头逐渐长大，寄居蟹必须要不断寻找并更换新的贝壳，这个现象也存在于那些生来就有外骨骼的物种中。不管是先天的还是后天的外骨骼，从进化的角度来看，都有一个缺点，即外骨骼会阶段性地限制该物种的生长过程，比如，昆虫、螃蟹和其他外骨骼物种，有时必须要随着身体的长大而蜕去外骨骼，在新的外骨骼完善之前，会暴露于被猎食的危险中。

早在 20 世纪五六十年代，恐怖科幻电影中时不时地出现蚂蚁、蜘蛛和蟑螂这样的生物，个头像房子一样大（通常是核试验的副产品），这些电影并没有那么吓人，效果也不太逼真。实际上，如此巨大的外骨骼，在结构上并不科学，我们可以用欧拉屈曲方程来解释这一点。

举个例子，假如我们用一个差不多大小的土豆来制造一个新生物，由 6 支塑料吸管插在土豆底部充当它的腿，接着再把这个生物放大 10 倍，那么它的腿所能承担的屈曲压力有多大呢？吸管腿的长度、直径、厚度都放大 10 倍，用欧拉方程评估一下临界屈曲载荷，会发现放大后吸管（制作材料不变）的临界屈曲载荷增大了 100 倍。乍一看还行，增大 10 倍（长度、直径和厚度）的吸管承担了增大 100 倍的重量。

但这里会有一个问题，当我们的土豆生物体积变大 10 倍时，它的重量增加可不止 10 倍或 100 倍，而是 1 000 倍！想象一下，把一个直径 3in、高 6in 的圆柱形土豆放大 10 倍后，直径变为 30in，高度变为 60in（5ft），显然是个巨型土豆，重量变为原来的 1 000 倍。把 1lb 的土豆"放大 10 倍"时，就变出了一个 1 000lb 的庞然大物。

因此，按 10 倍比例，大型生物的每条腿承受的重量必须是小个头的 1 000 倍。所以，根据欧拉屈曲方程，在保证不发生屈曲的情况下，即使放大后的腿所能承受的压力增加 100 倍，这样还不够，因为实际需要支撑的重量是原来的 1 000 倍。

在上面的例子中，退一步讲，即便这些大家伙的腿能够支撑身体重量，但在完成负重爬行、跳跃等动作时也会步履维艰。体型较大的内骨骼生物会面临类似问题，但内骨骼生物在承载能力方面似乎要比外骨骼生物具有某些天生优势，屈曲力耐受只是这些优势的一个方面。

生物学中的"尺度"问题非常有趣，也很复杂，以至于其本身形成一个独立的分支。当生物的尺度发生显著变化时（变大或缩小），会给生物本身带来全局性影响。之所以把蚂蚁简单放大到越野车大小行不通，屈曲力耐受只是其中一个原因，还有很多方面的因素。例如，研究表明，昆虫的呼吸方式比哺乳动物的呼吸方式更难"放大"，哺乳动物通过血液将氧气输送到各个组织，血液负责收集肺部的氧气，但昆虫没有血液，因此只能通过一系列气管来输送氧气，这些气管在昆虫体内纵横交错。放大携带气态氧的气管比放大溶解氧的血管更困难，放大这些密集的气管，意味着空间体积的迅速膨胀，这一点就限制了昆虫尺度的"扩张"。

一只体型巨大无比的蚂蚁，到底因为窒息而先倒下，还是因为无法承受身体之重而崩溃？这只能靠我们的想象了，但不管是哪种情况，它的生命都会如昙花一现般短暂。

29.

爱情就像过山车

$$emf = -\frac{\Delta \phi_B}{\Delta t}$$

法拉第电磁感应定律

该方程表明变化的磁场可以产生感应电动势 *emf*，其数值等于磁场 ϕ_B 随时间 *t* 变化的速率。根据楞次定律，负号表示感应电动势的方向和磁通量的变化方向相反。

过山车等游乐设施总是深受游客青睐，人们愿意花上几个小时排队，只为一试。当过山车疾驰而下，沿着不可思议的轨道三回九转时，游客们体验到了十足的刺激感。但客观地讲，其中有一部分刺激感源自这些项目本身的危险性。游乐设施一般都有很好的安全措施，但并非万无一失。被固定在这个钢铁架子上的那一刻，游客的脑海中一定会生出隐忧。

游乐设施都配备了一个不含可动部件的制动系统，用以保障游客的安全。汽车、自行车、飞机等，几乎所有轮式交通工具的制动系统都利用了摩擦力。踩刹车时，一个与车轮联动的旋转部件会与一个固定部件接触，由此产生的摩擦力将汽车的动能（运动的能量）转化为内能（热量），从而实现减速。

摩擦制动系统已有几百年的历史，而且非常奏效，在过山车等游乐设施上也有大量应用。但由于过山车行驶在铁轨上，因此，它们特别适合采用另外一种与摩擦制动系统理念完全不同的制动系统——电磁感应系统。在游乐园中，电磁感应制动最适宜的场景是"自由落体式"设施。这种游乐设施的轨道中内置了铜构件，机车（机舱）内安装了一套强大的永磁装置，当机车载着游客开始自由下落，磁铁装置就会贴着轨道中的铜构件运动，此时会产生抵抗机车前进的强阻力，迫使其减速。

这个现象很容易验证，法国物理学家弗朗索瓦·阿拉戈（1786—1853）做过这样的实验。可以找一根大约 1ft 长的铜管，一根粗细刚好可以从铜管通过的小磁棒，一根与磁棒形状和大小相同的小铁棒。保持铜管垂直，让磁棒和铁棒分别穿过铜管内部，可以观察到铁棒下降速度比磁棒快得多。

当使用的磁棒磁性越强、直径尺寸越接近铜管内壁尺寸，实验的效果就越好，也就是说，磁棒在铜管中下降时的制动效应就越明显。读者现在可以明白为什么这个制动系统如此卓越了，因为这套装置完全自给自足，不需要任何外部电源，也没有可动部件，而且可以确保万无一失。

当然，铜是一种非磁性材料，不会被磁铁吸引。上述实验中的磁铁或游乐机车在自由下落时发生制动效应，是由于磁铁在经过导体（铜）时产生了阻力，我们可以用法拉第电磁感应定律和楞次定律来刻画这个过程。迈克尔·法拉第（1791—1857）是一位才华横溢和多产的英国物理学家、化学家，他的大量发明持续影响了现代科学技术。海因里希·楞次（1804—1865）是一位俄罗斯物理学家。

法拉第电磁感应的定律不止一种表达方式，我们这里的方程讲的是：变化的磁场产生感应电动势 emf，其大小等于磁场强度 ϕ_B 随时间 t 的变化速率，即 $\Delta\phi_B/\Delta t$。法拉第电磁感应定律给出了感应电动势的数值，而楞次定律描述了电动势的方向。方程右边的负号来自楞次定律，它告诉我们，磁铁在穿过导体管时产生的力与磁铁的运动方向相反，换句话说，这是一种制动力。

许多现代技术设备都利用了类似物理原理，例如，丰田普锐斯这样的油电混合动力汽车，或者特斯拉这种纯电动汽车。纯电动或油电混合动力汽车通常会有两套协同工作的制动系统：一套是传统的液压摩擦制动系统；另外一套是"再生制动"系统。我们重点介绍一下再生制动系统。电动汽车消耗的是电能，但是当你在踩刹车的同时，搭载再生制动系统的汽车会变成一台发电机。也就是说，制动系统将发动机转轴的动能转换成电能，从而实现转轴减速，达到刹车的目的，在这个过程中产生的电能可被储存到汽车的电池中。在摩擦制动系统的刹车过程中，车辆100%的动能全部损耗了（转化为热量），而利用再生制动系统，电动车上的电池可以回收刹车过程中50%以上的热量。电动汽车所搭载的再生制动系统机制，要么与上述铜管中的磁铁类似，要么与自由落体式的游乐设施相仿。

上面讲的电磁感应，通常用于游乐设施制动，但也可用来"启动"游乐设施。传统的过山车一般通过链式装置来驱动，爬到坡顶以后，剩下的交给重力。最近有一种流行的玩法，在过山车的起步位置会加载一个"发射"推力装置，这样会产生更大的加速度，增加更多的刺激感，但这样也牺牲了老式过山车缓缓爬上第一陡坡时的"悬置感"。弹射式过山车的发射机制有很多种，有一种叫作直线感应电机（LIM），应用的正是本节所阐述的物理原理。

迈克尔·法拉第从来没有坐过过山车，但他讲过："只要符合自然规律的事物，不管看上去多么匪夷所思，它们都是真实的。"也许，在讲这句话的时候，他的脑海里浮现出的正是"过山车"的图像。

30.

损耗因子

$$\tan\delta = \frac{E_2}{E_1}$$

弹性材料的损耗因子 $\tan\delta$

E_1 表示材料的储能模量，E_2 表示损耗模量，δ 表示作用在材料上的应力与材料形变之间的相位差。作用在材料上的应力和由此产生的材料形变越不同步，δ 角就越大，相应的，δ 的正切 $\tan\delta$ 也越大。对给定的材料，$\tan\delta$ 随温度而变化，使 $\tan\delta$ 达到最大值的温度称为玻璃化转变温度。

　　密封圈可能是最不起眼的小零件，相安无事时，除了设置它的工程师和安装人员，根本没人知道它装在哪儿，除非出现了跑冒滴漏。通常情况下，密封圈出现问题不是什么大事。但1986年1月28日这一天发生的事则大不相同，小小的密封圈带来了一场惨烈的灾难。那天，"挑战者"号航天飞机在升空一分钟多后，于半空中解体，7名航天员随之丧生。

　　有人说，"挑战者"号的悲剧完全是由航天飞机固体助推器（SRB）中的密封圈造成的。这样说是不公平的，也不太准确。灾害专家有时会提到一个词，叫"故障链"，类似"挑战者"号这样的灾难，往往都是由故障链导致的。故障链是一系列事件或条件的集合，这些因素叠加在一起，共同引发了悲剧，比如问题零部件、仪器故障、人为错误、异常气象条件、通信故障（错误）等。当它们一起（或陆续）发生时，结果可能就是一场灾难，如果可以避免这些事件或条件中的任何一个，灾难也许就不会发生。

　　"挑战者"号助推器的密封圈只是故障链中的一个环节，还有其他方面的因素，包括助推器本身的接头设计问题、发射时的气温（−1.1 ℃，史上最低的一次发射温度）、升空30 s后突发的风切变（也是发射史上最糟糕的一次），还有美国国家航空航天局和承包商之间的沟通协调问题。

这一节的故事就是关于密封圈的，准确地讲，是关于密封圈的材质（即橡胶）在低温环境中的特性。橡胶是一种聚合物，属于弹性体，弹性体能够承受大幅度的弹性变形。例如，橡皮筋可以拉得很长，松手后又恢复原状。这种性质在材料领域比较特别，不过，如果在温度很低的时候拉橡皮筋，结果会大不一样。

把橡皮筋绑在一块木头上，然后一起浸入液氮，持续几秒后取出，慢慢将橡皮筋从木头上摘下来。刚开始，橡皮筋会像中了魔法一样保持拉伸状态，随着温度的升高，逐渐收缩回原状。以上堪称一次经典的课堂实验，向大家展示了什么是"玻璃化转变温度"。液氮的沸点是-196 ℃，在这个温度下，橡皮筋中的橡胶处于玻璃化状态，但液氮温度远低于橡胶的玻璃化转变温度，而室温远高于橡胶的玻璃化转变温度，这意味着橡胶在这个温度下弹性良好。当橡胶处于玻璃化状态时，会变得非常坚硬，就像我们课堂实验中的情况。

温度下降时，橡胶玻璃化的过程是渐进的，我们再通过一个实验演示来说明这一点。找几个小的橡胶球，室温下小球的弹跳性很好，小球经过液氮冷冻后，我们再来看看它的弹跳性（注意，此时的小球可能会像瓷器一样易碎），冷冻后的橡胶球在反弹时，会发出玻璃材质特有的声音，感觉弹起的是一个玻璃球。到了这一步，与上文中橡皮筋和木块的实验如出一辙。我们继续。再把另一个橡胶球放进冰箱里（-18 ℃左右）

冷冻至少 30 分钟，来看看它的弹跳性，你会发现，它既不像正常的橡胶，也不像玻璃球，而是"噗"的一声——软弱无力地撞到地上，弹跳高度也比正常状态低得多，感觉上像是一个用皮革制成的球，这个状态称为"皮革态"。

本节的方程描述了玻璃化转变温度的一种计算方法，这个温度正好对应弹性体的临界皮革态，转变温度 $\tan \delta$（也称为损耗因子）等于 E_2 与 E_1 的比值[#]，E_2 和 E_1 分别称为材料的损耗模量和储能模量。为了大致讲清楚这个方程，我们需要再把橡胶球请出来。在室温下，橡胶球从 5ft 高处落到混凝土地面时，反弹高度大概是 3ft；逐渐冷却橡胶球，反弹高度会逐渐下降。当橡胶球的反弹性能下降时，我们说它的损耗因子（$\tan \delta$）正在增加。最终，当弹跳性能降到最低时，此时的温度就是玻璃化转变温度。低于这个温度，这种材料进入玻璃态，像玻璃球一样弹跳力开始回升，高于这个温度时，它的弹性也开始回升。达到玻璃化转变温度时，它的弹性最小，对应极大皮革态。

现在，我们回到"挑战者"号推进器上的密封圈。当时的发射温度约为 $-1\ ℃$，此时的橡胶圈处于典型的皮革态。此时，就像从冷冻室取出的橡胶球对弹跳应力的反应变得迟缓一样，密封橡胶圈对受力的反应变得迟缓，航天飞机启动时的巨

[#] $\tan \delta$ 中的 δ，表示弹性材料（本例中的橡胶球）所受应力与变形之间的相位差，两者的相位差越大，$\tan \delta$ 的值也越大。

大推力，造成推进器中的接头发生了扭曲和变形，本来应该发挥密封作用的橡胶圈，性能开始下降，大约 30 s 后，突发的风切变更是雪上加霜，使得密封圈完全失效，结果高温燃烧的气体开始泄漏，最终酿成灾难性后果。

"挑战者"号失事后，当时的美国举国震惊，就像 23 年前约翰·肯尼迪遇刺一样，几乎稍微年长一点儿的美国人，对当年"挑战者"号的灾难都会记忆犹新。之后，美国政府成立了专门调查事故的罗杰斯委员会。毫无疑问，罗杰斯委员会关于"挑战者"号推进器密封圈的结论可谓家喻户晓。

巧的是，当时罗杰斯委员会中有一位大名鼎鼎的成员，那就是才华横溢、个性耿直、喜欢追求新奇的诺贝尔奖得主、物理学家——理查德·费曼。费曼取来一个小橡胶圈，用镊子从 O 形圈的中间位置把它夹紧，然后浸入冰水，费曼的手在电视镜头里迅速一挥，从冰水里取出橡胶圈，松开镊子，跟我们木块和橡皮筋的实验一样，变形的 O 形圈并没有立即复原，在低于玻璃化转变温度时，橡胶的反应时间延长了。"确凿的证据"让许多美国观众相信："挑战者"号的失事是因为一个失效的密封圈。但正如我们所讲的，这是事实，但不是事实的全部。

31.

顺坡而下

$$F_f = \mu N$$

阿蒙顿第一摩擦定律

想要一个物体在另外一个物体表面滑动，必须要克服两者之间的摩擦，由此产生的摩擦力与两个物体间的压力成正比。该方程中，F_f 是指需要克服的静摩擦力，等于静摩擦系数 μ 乘两个物体间的正向压力 N。

在比赛的关键时刻，一位选手不慎滑倒，一人失误，团队皆输。赛后的新闻发布会上，这位选手用了"μN"来形容刚才发生的状况，某种意义上，这位选手提到的"μN"也是比赛的重要组成部分。

正是有了摩擦，运动员才不至于摔倒，摔跤往往是因为摩擦力不够。我们踩刹车时，是摩擦力让车制动，不仅如此，我们踩油门时，让车启动的也是摩擦力，否则，轮胎就会像在冰上一样打滑。当一个物体在另一个物体表面运动时，就会涉及摩擦力。摩擦力不限于固体，飞机飞行时，因受到空气阻力而减速，术语称为"气动阻力"，这也是一种摩擦。行驶中的汽车也会受到气动阻力，水面对行驶中的船只也会有类似的作用力。

本节介绍的方程被称为"阿蒙顿第一摩擦定律""摩擦力方程""阿蒙顿–库仑定律"。方程表明，当一个物体静止于另外一个物体表面时，物体之间的静摩擦力 F_f 等于摩擦系数 μ 乘正向压力 N。举个例子：一个 500lbf 重的木箱放在平坦的混凝土表面，比如车库地面，木箱一侧系有绳子，那么需要对绳子施加多大的拉力才能拉动箱子呢？要想拉动箱子，只需拉力克服静摩擦力即可。方程告诉我们，静摩擦力的大小等于 μN，N 就是盒子的重力 500lbf，这个例子中的摩擦系数 μ 接近 0.6，

因此 μN 的值等于 0.6×500，也就是 300lbf。如果同样的情况，换成冰面会如何呢？大约只要 25lbf，因为木头和冰之间的摩擦系数大概只有 0.05 左右。

这个简洁的方程非常重要，但关于它的史料记载并不多。纪尧姆·阿蒙顿（1663—1705）是一位法国科学家，除了在摩擦力方面的研究，还在气体热力学等领域作出了重要贡献。阿蒙顿是一位很有成就的仪器制造商，改进过气压计和温度计等仪器。在科学领域，有时人们也将"绝对零度"的概念归功于阿蒙顿，这一概念后来被开尔文勋爵进一步量化，最终以开尔文的名字来命名。阿蒙顿最著名的成就可能还是在摩擦力研究方面。

摩擦力研究是物理学中一个专门的分支——摩擦学。现在，人们普遍认为，阿蒙顿在摩擦力方面的研究成果，包括第一摩擦定律，莱昂纳多·达·芬奇很早之前就曾对此做过研究。阿蒙顿去世后很久，人们才在某个期刊上发现达·芬奇的研究成果，后来，查理·奥古斯丁·库仑（1736—1806）进一步验证和拓展了阿蒙顿的理论。前有达·芬奇，后有库仑，不难理解，阿蒙顿的成就在很大程度上被这两位大人物的光辉掩盖了。他公开发表的研究成果并不多，似乎更喜欢待在实验室里默默地做自己的研究。阿蒙顿患有耳疾，这可能也限制了他与别人的交流。我们对阿蒙顿的一生所知甚少，其中大部分信息都来自丰特内勒的一本传记，出版于阿蒙顿去世后的 1705

年，纳入《法国科学院年鉴》，阿蒙顿生前为法国科学院院士。

阿蒙顿还发现了后来的第二摩擦定律，即两个物体之间的摩擦力与接触面积无关。回到前面木箱和混凝土地面的例子，木箱的尺寸其实并不重要，关键是这个箱子的重量。如果是两个250lbf重的木箱叠放在一起，拉动它们需要的水平拉力也是300lbf。和前面的情况一样，如果是两个木箱并排，所需的拉力大小同样不会变化。

其实也可以理解为第一定律隐含了第二定律，因为第一定律中，摩擦力只取决于 μ 和 N，而不取决于接触面积和其他因素。这一点看上去不符合直观，感觉应该有例外，但事实确实如此，借助这个定理，人们可以很方便地计算摩擦力大小。

人们对各类常见材料的摩擦系数（方程中的 μ）进行了测量，并制成摩擦系数表。前面的例子中，木材对混凝土的摩擦系数约为0.6，钢对钢的摩擦系数高达0.8，因此，相互接触和运转的钢部件之间，必须使用润滑油才能正常工作。在低摩擦系数序列里，特氟龙对特氟龙的摩擦系数只有0.04，我们都知道特氟龙材料非常光滑，但摩擦系数可以给我们一个量化的认识。

仔细观察摩擦系数表，我们会发现：对给定的一对材料，通常会有两个系数，其中一个是我们讨论过的静摩擦系数，另一个是滑动摩擦系数。想象一下汽车在水泥路上行驶的情况，当踩刹车时，制动卡钳压在刹车片上产生的摩擦力会迫使车轮减速，但刹车的过程不仅取决于这一种摩擦力，更重要的，取决于轮胎和路面之间的摩擦力。在正常情况下，汽车开始减速时，车轮仍然会在路面上继续滚动，因此，道路和轮胎之间属于"静态"接触，而非"滑动"接触，所谓滑动接触，是指急刹车导致车轮抱死，轮胎在地面上打滑时的情况。滑动摩擦系数一般小于静摩擦系数，因此，当车轮仍然在转动时，车辆的减速要比轮胎抱死时更有效。这就是为什么现在大多数车型都配备"防抱死"制动系统，系统通过内置计算机的控制可以防止车轮抱死和打滑。防抱死制动的另一大优点是大大增加了汽车的可控性，抱死的车轮无法转动，所以，只要保证车轮处在滚动状态，就可以让刹车更有效，防止汽车失控。

如果你在运动比赛中不幸滑倒，没关系，可以把这一切归咎于摩擦力；如果你没有摔倒，而且还打进了制胜一球，别忘了，这里边同样有摩擦力的一份功劳。

32.

变形金刚

$$f(x) = a_0 + a_1 \cos(x) + a_2 \cos(2x) + a_3 \cos(3x) + \cdots$$

$$b_1 \sin(x) + b_2 \sin(2x) + b_3 \sin(3x) + \cdots$$

傅立叶级数

方程展现的傅立叶级数展开，是指周期函数 $f(x)$ 可以表示为一系列正余弦项之和，这里要求 $f(x)$ 是一个具备周期性的"常规"函数。此时，它可以由正弦函数和余弦函数构成的无穷级数来表示。其中，系数 a_n 和 b_n 可由 $f(x)$ 通过欧拉公式来确定，方程右侧出现的三角函数项数越多，这些项的和就越逼近 $f(x)$。如图 12 所示。

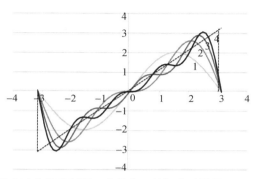

图12 傅立叶变换示例图。虚线表示的锯齿形是需要近似的函数，编号为 1~4 的曲线分别是锯齿波傅立叶变换的前 4 项部分和。随着波形变密（傅立叶变换中的项数增多），曲线越来越接近锯齿形

约瑟夫·傅立叶的数学理论深刻地影响着现代人的生活，例子随处可见，智能手机、iPad 等平板电脑、数码相机、电子计算机……所有这些现代生活元素都离不开傅立叶发明的数学方法，如傅立叶级数（本节介绍的公式）以及相关的傅立叶变换，至少笔者认同这个观点。

让-巴普蒂斯特·约瑟夫·傅立叶（1768—1830），法国数学家和物理学家。毋庸置疑，他的研究成果对现代社会的影响远大于许多其他著名科学家。但科学家和工程师们往往正是通过响当当的傅立叶变换，进而才知道傅立叶其人。傅立叶对现代技术的巨大贡献在于他提出的数学思想，即通过数学角度把非常复杂的信号，例如声音、无线电或光波等，分解或转换为极其简单的形式，同时按照特定方法，分解的信号还能够以更优化的方式合成为原始信号。现代社会与各种各样的信号息息相关,这些信号的处理紧密依赖于傅立叶的数学思想。本节的方程称为傅立叶级数展开,周期函数 $f(x)$ 可以用一系列正余弦项的和来近似表示。

我们在 iPod 等设备上存储的音乐,其实就是一个很好地利用了傅立叶数学理论的实例。iPod 是一种 MP3 播放器,它存储和播放的音乐文件是以 MP3 格式编码的。MP3 格式于 1992 年开始流行,它可以把大量数字音乐存储在相对较小的存储空间(如计算机硬盘)。在 MP3 技术出现之前,每存储时长为 1 分钟的高质量音乐,需要约 10M 字节空间,MP3 格式将其大约压缩到原来的 1/10,存储 1 分钟时长音乐所需空间为 1M 字节左右。

简单介绍一下其中的原理:比如说,现场管弦乐演奏,这些乐器所产生的声波,有一大部分不在人耳的感知范围,但如果使用电子设备来记录这场演奏时,所有的声波信息,无论是人类听到的还是听不到的,统统都被记录下来。MP3 文件的算法首先使用数学方法,将音乐分解成数百个单独的频段,移除每个频段中人类听不到的信息,最后,再把所有保留的频段组合起来,还原成 MP3 格式的音乐文件。经过处理后,去掉了冗余的信息,电子文件因而只占用了更少的存储空间,诸如 iPod 这样的设备才应运而生。傅立叶的数学理论是这一切的核心,伟大的开尔文勋爵曾经赞誉傅立叶的工作是一阙华美的数学诗篇。傅立叶可能想象不到,他所做的一切会如此贴近人们的生活。

傅立叶数学理论的实用性远不止 MP3。既然谈到了音乐,我们可以就此话题再拓展一点儿。音乐和数学就像 DNA 的双螺旋一样紧密地交织在一起，在第 23 节关于毕达哥拉斯的故事中也提到过这个观点，也许约瑟夫·傅立叶的数学理论是诠释音乐和数学关系最恰当的语言。两种乐器演奏同一个音符，例如钢琴和吉他，它们的音色大不相同，这是因为乐器无法产生"纯音"，乐器的声音都是伴着大量泛音的复合音。泛音正是各种乐器赖以互相区别的独特"色彩"。乐器发出的声音是演奏音符基频和泛音的组合。傅立叶的数学理论可以用来合成或分解各种各样复杂的音调：我们可以从一个纯音开始合成音调，然后再陆续加上各种各样的泛音为音符润色；我们也可以把复合音分解成纯音和泛音来做分析。人类的耳朵非常灵敏，能够分解复合音，并辨识其中的纯音及泛音，就像玻璃棱镜将阳光分解成七色光一样，从这个意义上讲，我们的耳朵正在作傅立叶分析。[#]

约瑟夫·傅立叶的这套数学理论，最初是在他研究热传导现象的过程中提出的，他在 1822 年推出的《热的解析理论》堪称一部开山之作。傅立叶建立了描述热量沿金属棒传导的方程，为了求解这些复杂的方程，他引入了一套专门的数学模型，这套数学模型具有广泛的通用性，音乐、热传导、振动等领域都适用。

傅立叶也是最早尝试建模分析"温室效应"的科学家。1842年，他发表了一篇探讨地球及大气层温度的论文。尽管傅立叶没

[#] 耳朵能够分辨各种泛音，但相比之下，肉眼无法辨别混合在一起的单色，例如，蓝光是由黄光和绿光混合而成的，肉眼不能分辨蓝光中的黄、绿光。

有明确指出什么是温室气体，但他全面描述了温室效应的特征：来自外层空间的阳光可以很容易地穿过大气层，然后被海洋和干旱的陆地吸收，并转换成热量，海洋和陆地因此变暖。反过来，温暖的水和陆地通过红外线，而非可见光形式释放热量，傅立叶那个时代称之为"暗热量"。他意识到红外辐射想要逸出大气层，可谓"进来容易，出去难"，因此他得出结论：这正是地球能够保持温度的原因。瑞典科学家斯凡特·阿伦尼乌是首位发现并量化温室气体影响的科学家，他在1896年肯定了傅立叶在温室效应领域研究的先驱地位。

傅立叶在对地球热量体系的研究中发现，地球的整体温度可以通过汇总计算所有的热源分量来获得，包括入射的太阳光、地面的红外辐射、融化的地核产生的热传导等。换言之，可以先针对这些因素分而治之，然后再综合描述整个现象，这体现了傅立叶科学哲学的一个重要思想。把一个复杂的数学函数分解成多个可解析的部分，独立处理每个小的部分，然后再以一种更优化的方式合成原来的函数，这个数学方法将他的哲学思想体现得淋漓尽致。

因此，傅立叶能够跻身历史上最伟大、最有影响力的科学家之列，这是毋庸置疑的。然而，年轻时的傅立叶，险些在法国大革命的断头台上身首异处，幸亏他的命运是另外一种结局。否则，尽管他的数学可以优美地合而分、分而合，但他的身体可就是另外一回事儿了。

33.

金融帝国

$$a_n = ar^{n-1}$$

等比数列

等比数列中的第 n 项 a_n 等于第一项 a 乘 r^{n-1}，其中 r 是两个连续项之间的比值（通常称为"公比"）。上述等比数列的迭代方程也可以写成 $a_n = ra_{n-1}$，由这个式子可以清楚看到，r 是数列中连续项之间的比值：$r = a_n / a_{n-1}$。

"查尔斯，你是有史以来最伟大的意大利人！"1920 年的波士顿，有一位盛极一时的人物查尔斯·庞兹，人们对这位先生可谓趋之若鹜。据说，庞兹曾回绝这份盛赞，他推辞道："航海家哥伦布和'无线电之父'马可尼才是最伟大的意大利人。"尽管他这么说，但还是挡不住人们对他的膜拜："但是，查尔斯，你为人们创造了财富！"

有一个阶段，庞兹看上去的确在为人们创造财富，他似乎发明了一种凭空赚钱的方法。不过，这种让庞兹"名垂青史"的非法金融伎俩，其实很早就上演过，只不过庞兹比之前的人做得都要好，直到"后来居上"的伯纳德·麦道夫。

庞氏骗局属于金融诈骗，基本的想法很简单，我们在继续庞兹的故事前，先看一下它是怎么回事。首先需要说服人们接纳一个看似合法的投资计划，通过许诺丰厚的利润回报，大量的投资者被吸引并纷纷买进。其实，所谓的投资计划并不存在，只是那些操盘手用后来人的投资去兑现早期投资者的利润回报，最早的投资者大赚一笔，消息不胫而走，很快所有人都想分一杯羹。但这里边有个缺陷，为了获得必要的盈利，新的一茬投资者必须要比上一茬投入更多的金钱，最终整个系统因不堪重负而土崩瓦解。

比如，假设庞氏骗局中最初有 2 个早期投资人（第一代），

162

为了兑现给他们的承诺，假设需要吸引 4 个新的投资人（第二代），为了兑现第二代的投资回报，又需要吸引 8 个新的投资人，以此类推，后边是 16，32，64 等。那么，数列 1，2，4，8，16，32，64…就是一个等比数列的例子，可以用我们开篇的公式来表示。假设 a 是第一项（本例中为 1），r 是连续项之间的比值（本例中为 2），则利用公式可以计算出数列中的第 n 项 a_n。因此，数列 1，2，4，8，…中第 7 项 a_7，为 $1 \times 2^{n-1} = 2^6 = 64$。由此可知，第二十代投资者包括 2^{19} 人，即 52 4288 人！庞氏骗局本身的缺陷，从一开始就注定了它的失败。

1920 年，查尔斯·庞兹带着他的累累案底，从意大利远涉重洋，移民波士顿。西班牙的一封来信给了他灵感，信中附了一种邮政票券，是在西班牙当地买的，但收信人可以用它来兑换信件寄回西班牙时所需的邮资。由于汇率的差异，理论上可以通过在一个国家购买邮政票券，在另一个国家兑现来赚取可观的利润。庞兹决定要做这宗生意，就像我们说的，这合规合法，而且有相当大的利润可图。但是，单张邮政票券产生的利润很有限，而且中间的手续烦琐，每兑换一次都要大费周章。

庞兹很快意识到，这个买卖理论上虽然有利可图，但实际上却行不通。但此时，他已经说服了不少人投资他的这项业务，并向投资人承诺了可观的回报。庞兹很快放弃了不切实际的票券计划，开始拆东墙补西墙，用后来投资者的钱来兑现前面的投资者。庞氏骗局很快火了起来，短短几个月，他就赚了几十万美元——1920 年的 1 美元抵得上 2012 年的 10 美元还多。庞兹名声大噪，这很快引起了人们的怀疑，毕竟，他承诺的是在短短几个月内就让投资者的本金翻一番。但当波士顿的一位作家对此表示质疑时，庞兹以诽谤罪起诉了他，并因此获得了 50 万美元的赔偿金。

然而，到了 1920 年 8 月初，也就是前后不到一年的时间，庞兹的金融帝国便倒塌了。庞兹在监狱里蹲了几年，最后被驱逐出境，于 1949 年在巴西去世。人生的最后时刻，他终于承认，让自己"名垂青史"的波士顿奇遇不过是一场骗局而已。

伯纳德·麦道夫生于 1938 年，1960 年创立伯纳德·麦道夫投资证券公司，2008 年因证券欺诈被捕。麦道夫最终认罪服法，2009 年被判处在联邦监狱监禁 150 年。[#]尽管之前一直声称自己的生意合规合法，但麦道夫最终还是做了坦白：自 1991 年以来，他就开始编织一场庞氏骗局。调查人员认为，麦道夫的欺诈行为可以追溯到 20 世纪 80 年代初，而且他的公司可能从来就不是一家真正的合法企业。麦道夫从他的投资者手里骗取了巨额资金，客户账户被侵吞的资金总计约 650 亿美元。据估计，案发之时，实际投资净损失约为 180 亿美元。麦道夫的受害者中，不乏各类社会名流、大学、大型慈善机构和退休基

[#]北京时间 2021 年 4 月 14 日晚间，伯纳德·麦道夫在狱中去世，终年 82 岁。——译者注

金等。

这宗损失了180亿美元的诈骗案让伯纳德·麦道夫在犯罪史上举世无双。麦道夫和庞兹有何不同呢？麦道夫似乎更聪明，他能够为自己的欺世盗名披上合法的外衣。他承认，自己经营庞氏骗局的时间长达20年之久，时间远远超过庞兹，也许还可以更长，而庞兹只"风光"了几个月。麦道夫承诺投资者的回报要比庞兹更加合理，因此也就不会那么引人注目。但麦道夫的欺诈并不是无迹可寻，很多时候都是由于政府监管机构的无能，多年来，麦道夫一次又一次地从监管机构的眼皮底下溜走。

无论是麦道夫还是庞兹，似乎都无法将他们的欺诈行为转变为合法的业务，不为别的，至少保证自己不会锒铛入狱。但是，将风光的庞氏骗局转变为合法的商业模式几乎是不可能的，这不啻是在阻止一场经济上的雪崩。老话讲，如果一件事情听起来好得难以置信，那么它也许真的不可信。此外，P. T. 巴纳姆好像也讲过，那些高估人性贪婪的人，从来都不会上当受骗。

34.

上帝说“要有光”

$$c \approx 299\ 792\ 458\ \text{m/s}$$

光在真空中传播的速度

上面是真空中光速 c 的近似值，单位为 m/s（大部分情形下，可采用其近似值 3.00×10^8 m/s）。换算成美国惯用单位，光速大约为 186 282mi/s。光在其他介质（如水、空气或玻璃）中传播的速度都要低于 c。某种介质的折射率 n 定义为，c 与光在该介质中的传播速度之比。水的折射率约为 1.33，表示光在水中的传播速度约为 $c/1.33$，即 2.25×10^8 m/s。

无疑，在伽利略之前，人们就发现：远处炮火连天，人们总是先看到火光，之后才听到炮声。由此，我们得出一个结论：声音的速度明显属于可测量范围，但光的速度肯定是无穷大。伽利略想验证这一点，于是他设计了一个测量光速的方案，这可能是人类最早的光速测量实验，虽然这个方法实际上行不通，但的确很有趣。

让两个人分别站在相距 1mi 的两座山头，每人拿一盏罩着的提灯。一个人打开灯罩，当另外一个人看到对方的灯光后，立刻打开自己的灯罩，第三个人测量先后看到两盏提灯的时间差，知道了这个时间以及两人之间的距离，至少可以在理论上算出光速。

但人类的反应根本没有那么快！在第二个人打开提灯之前，光传播 1mi 或更远距离所需的时间，远远少于人类的反应时间。因此，考虑到当时的技术条件，伽利略的实验并不像他自己声称的那么可行。几百年后，科学技术的不断发展才使得在地球上测量光速成为可能。

测量光的传播速度有什么价值吗？伽利略时代的观点——光速无限大，其实对于大多数生活场景来说都是合理的。如果远处有一道闪电，可以假设光在瞬间到达人们眼中，然后记录多长时间后听到雷声，这个方法可以估计闪电的距离（根据经验，1mi 距离大约有 5 s 延时）。在这个场景中，就不需要知道实际的光速，1mi 之外的闪电光线到达人眼的时间大约为五百四十万分之一秒，如此短暂的时间可以忽略不计。

但当距离尺度放大时，情况就不一样了，比如天文观测。比方说，在地球上使用望远镜观察一颗行星或恒星，我们在望远镜中看到的情况，实际上是抵达眼睛的光线最初离开这个天体时，这颗行星或恒星彼时的模样和位置。比如，观察月球时，我们看到的实际上是月球大约 1.2 s 以前的位置。从天文学尺度上看，月球并不遥远，它与地球的平均距离约为240 000mi。而太阳与地球的平均距离约为93 000 000mi，这个距离光线需要走 8 分钟。一颗行星或恒星离地球越远，其光线到达地球所需的时间就越长，观测到它所需的时间就越长。因此，我们观察到的某个天体位置和它实际所在的位置并不一致，之间的差异随着天体距离的增加而增大。所以，如果我们知道一颗行星或恒星的确切位置，并且将观察到的位置和实际位置进行比较，就可以计算出光从天体到达观察者所需的时间。借助这个天文学原理，我们可以计算光速。荷兰天文学家奥利·罗默于1676 年首次使用这一方法测量光速。

其实，在地球上测量光速也是有可能的，虽然尺度略显"局促"。19 世纪，很多实验人员利用各种技术手段，改进了伽利略提灯实验的可操作性和精确度。法国人让-博科将一束光线打在一面快速旋转的镜子上，这面镜子围绕穿过镜面的一个轴旋转。想象一下一字螺丝刀，螺丝刀的一字刀头好比是镜子，当我们拧螺丝刀时，刀头面的转动方式类似这里的镜子；在远处的山顶放置另外一面镜子，镜子旋转一周的过程中，中间必定有一个位置，可以将光线垂直反射在山顶的镜面上，然后光线又被重新反射到旋转的镜面上，反射光完成这个往返的过程中，镜面旋转变化的角度极其微小。因此，反射的光线会与原始光束形成一个微小的夹角，通过测量角度和一些数学运算，就可以计算出光速。与我们今天认可的光速值相比，傅科1850年的测量误差不到1%，相当不错了。

1880年，美国物理学家阿尔伯特·迈克尔逊对傅科的实验进行了改进，测出的光速与如今普遍公认的数值相比，误差小于30mi/s。现在一般认为光速约为186 000mi/s，换算成国际单位，该值为299 792 458 m/s，非常接近 $3.00×10^8$ m/s。

后来发现，光速在某些方程中是一个重要的常数，但表面上看，这些方程所讲的内容与光速并没有直接联系。这些方程中最著名的一个应该是爱因斯坦的 $E=mc^2$，它把原子中的核能 E 与质量 m 关联起来，联系 E 和 m 的常数正是光速 c。有人说，诸如傅科、迈克尔逊等人的光速测量实验，正是启发爱因斯坦思考相对论、质能方程等重大问题的一个因素。对伽利略以及所有对这个重要常数孜孜以求的科学家来说，这正是他们所作所为的价值。

35.

自作聪明

$$IQ = \frac{心理年龄}{生理年龄} \times 100$$

最早的智商测试方法

这个公式给出了一种测试智商的方法：首先通过智力测试对一个人的心理年龄做出评估，然后再用得到的心理年龄除以此人的生理年龄。这套测试方法中，"正常"孩子的智商预期值为100，或者说，当一个孩子的心理年龄与生理年龄一致时，其智商为100。

作家戈尔·维达尔曾评价流行艺术家安迪·沃霍尔是"一位白痴的天才"。沃霍尔的名言"从来都不要在意别人对你的评论，瞅一眼这些评论文章的篇幅就够了"可能算是一种回应吧。沃霍尔的确是一位天才。

早在 1905 年，这个时间当然要比沃霍尔成名的时间早得多，法国心理学家阿尔弗雷德·比奈（1857—1911）接受委托，开发出一套用于甄别哪些儿童（我们今天称之为"学习障碍型儿童"）需要在课堂上给予特殊帮助的方法。后来人们进一步发展了比奈的工作，提出了"智商（IQ）"的概念。1989 年，美国科学促进会公布了"20 世纪 20 项最伟大的科学进步"，IQ 测试同 DNA、晶体管、飞机等一道榜上有名，这正是比奈开创的先河。

但 IQ 是一把双刃剑。毋庸置疑，在形形色色的智力测试中，IQ 测试是最著名的一种。假如要征集"20 世纪最具破坏力的 20 项科学进步"，IQ 测试一定会高票入选。当然，这并不是比奈的错。

IQ 测试的部分问题源于它的测定方法，即开篇的方程。这个方程的提出者不是比奈本人，而是德国心理学家威廉·斯特恩，其在 1912 年提出这个方程。比奈的智力测量工作始于 1899 年左右，一直持续到他去世时的 1911 年。比奈针对儿童开发的学习障碍甄别测试，由一系列难度递增的任务组成。训练有素的工作人员首先会测试孩子是否能用眼睛跟踪点燃的火柴，或者说出身体的各个部位；接下来是稍微复杂一点儿的任务，如三位数的短期记忆、解释一些简单的名词等。每通过一项测试后，接下来的任务难度会有所提升。对那些能够胜任挑战的孩子来说，最困难的任务之一是 7 位数的记忆和单词押韵的测试。通过一系列艰苦探索，比奈确定了"正常"儿童在某些测试中的典型能力，用来代表这个年龄段的平均水平。例如，比奈可以确定，一个典型的 8 岁孩子，通常会在难度阶梯中的哪一项任务受阻，从而，通过这种比对可以确定受试儿童的心理年龄。比方说，如果一个 10 岁的儿童只能完成 6 岁孩子的典型任务，那么可以判断，这个孩子在学习过程中需要提供适当的特殊协助。

比奈去世后，斯特恩提出了本节中的方程，比奈测试方法中的心理年龄被替换为心理年龄与实际年龄的比值。一个 10 岁的儿童，如果他的智力水平相当于 12 岁儿童，其智商为 12 除以 10 再乘 100，即 IQ 为 120。斯特恩的智商测试方法与比奈的心理年龄测试方法相比，差异确实没有那么明显。比奈非常谨慎，为他的测试方法限定了若干条件，包括测试只针对儿童，而非成人，并强调这些测试不可用于对正常儿童进行排名，他的初衷只是为了甄别那些需要特别辅导的儿童；他还提醒，这些测试反映的并不是孩子的天生或内在的特性，也不会固化不变，只是提供了孩子在某一特定阶段的心理写照。

现在看，比奈有些枉费心机了，因为人们对他一再强调的前提规则和切勿滥用测试的警告置若罔闻，在美国，情况也许最糟糕。

如前所述，用智商替代心理年龄是有问题的。比奈关于心理年龄（与生理年龄对应）的概念只对儿童有意义。比如，说一个 30 岁的人很聪明，拥有 40 岁的心理年龄，这没有多少实际意义。然而，一旦斯特恩提出这个没有任何单位的量（IQ），人们就会禁不住用它去给每个人进行排名，从儿童到成人，从学习障碍者到智力正常的人，甚至到天才。美国军方是进行成人 IQ 测试的始作俑者，大量应用到诸如录取、军官选拔，以及针对特定职位的胜任评估等方面。

美国对智力测试的另外一个贡献，是推动了这项测试的大规模普及。前边提到的比奈测试是一对一的，属于劳动密集型工作。而在美国，智力测试变成了一项由一名工作人员对一群受试者的笔试。随着 20 世纪 30 年代机器评分技术的出现，智力测试更加大众化，完全变成了选择题与填空题的形式。

美国的计算机评分考试与大学入学考试（如 SAT 和 ACT）紧密结合。SAT 考试始于 1926 年，最早是一项智力测试。早期，SAT 表示学业能力测验（如今，这个缩写并没有确切的官方释义）。SAT 的目的是在高等教育体系中争取公平的竞争环境，尤其是针对这个体系中的著名高校，高等阶层是这些名校服务的主要对象，他们往往不需要提供任何资质就可以获得入学许可。SAT 旨在衡量学生的学习能力，或者在校取得学业成功的潜力。最初的 SAT 由军队和若干大学组织的智商测试改造而成，那时的 SAT 主要是一个智商指标。SAT 的发明者卡尔·布里格姆甚至给出过一个 SAT 分数和 IQ 值的对应表。时代在变化，现在的 SAT 衡量的不是天赋或智力，而是用来评估学生"后天长期积累的学习技能，以及在大学取得学业成功的必要能力"。

智力测试最难的是如何区分哪些能力是与生俱来的，哪些是通过积累习得的。如果愿意的话，我们可以称之为"先天与后天之争"。比奈认为，孩子的智力因人而异，但它并不是天生的或不可改变的东西。在这个问题上，人们的认识走过弯路，也有过反复，但慢慢地，越来越多的教育工作者和心理学家似乎开始趋向于接纳比奈的观念。

36.

地老天荒

$$N\ (t)\ = N_0 e^{-\lambda t}$$

放射性元素的衰变方程

上面的方程中，$N\ (t)$ 表示在时刻 t 放射性元素样品中的原子核数量，N_0 表示初始时刻（$t = 0$ 时）样品中该放射性元素的原子核数，衰变常数 λ 取决于具体的放射性元素类型。半衰期是一个常用的、描述放射性元素性质的参数，是指样品中一半放射性元素的原子发生衰变所需的时间，半衰期 $t_{1/2}$ 的计算公式为 $t_{1/2} = (\ln 2)\ /\lambda$。

如今，全球气候变化已经成为环境问题的焦点。我们的星球变暖了吗？人类活动在多大程度上影响到气候变化？这些问题充满了争议，背后的科学问题也很复杂。

早在19世纪，就有一个问题摆在人们面前：地球的年龄到底有多大？这就是那个时代，诸如开尔文勋爵、查尔斯·达尔文等最伟大的科学头脑想要揭示的奥秘。随着科技的发展，如今的我们可以轻而易举地给出这个问题的答案。我们相信，地球可能诞生于宇宙历史坐标的某个时间点，但这个时间点以前的历史有多长？要回答这个问题，就没那么容易了。

许多古代文明都坚信地球亘古有之。数千年前，基督教的出现，标志着人类对地球历史的思考出现了转折。《创世纪》中神造万物的故事，可以解读为地球可能是一个相对年轻的星球——也许只有几千年的历史。早在17世纪，英国圣公会大主教詹姆斯·乌舍就进行了一项烦琐的研究，通过倒推各种谱系的《圣经》，在回溯到公元前4004年时，他断定地球正是在这一年被创造出来的。

一直以来，地球的年龄问题归于宗教范畴，直到1860年左右，来自各个领域的顶尖科学家进行了一场激烈的论战，物理学家、地质学家、天文学家、生物学家等纷纷对这个问题提出了自己的观点，每个科学领域分支都提出了测量和计算地球年龄的方案。

想要测量地球年龄，我们需要一个"时钟"，也就是说，要找到某样和地球历史关联的东西，它会随着时间流逝呈现规律性变化。人们找到了各种各样测量地球年龄的时钟，其中包括天文时钟，主要依据地球、月球和其他行星的运动；也有地质时钟，主要依据地壳分层随时间的积累速度；有一段时间，人们热衷于盐钟，主要依据盐分在全球海洋中的积累速度。还有后来的热力学时钟。19世纪的"地球年龄大讨论"中，尊贵的开尔文勋爵——威廉·汤姆森也参与其中。开尔文是现代热力学的奠基人之一，他从热力学角度探讨了这个问题。那时的人们已经知道，从地表向下挖，越往下挖温度越高。平均来说，每向下挖50ft，温度升高1°F。所以，地球本质上是一个处在不断冷却过程中的巨大天体，冷却速度非常非常缓慢。喜欢犯罪推理小说的读者知道，验尸官有时可以通过测量尸体体温来估计受害人的死亡时间。人在死亡后，尸体的冷却过程是一个已被研究得很透彻的问题。如果尸检非常及时，能够赶在尸体温度降到环境温度之前，那么，用这种方法可以合理准确地判断出死亡时间。

开尔文的方法与此类似。地球早期的状态是一团熔岩，之后便开始持续冷却。他着手估计地球的冷却速度，这需要考虑冷却过程中所有的热量流入（如太阳光）和流出。开尔文估计的地球年龄范围在2000万到4亿年之间。开尔文承认，由于计算中涉及的很多变量只能给出估计值，因此，最终得到的地球年龄上下界范围相差很大。开尔文的方程中忽略了一个重要的热源——地球上所有放射性元素持续释放的大量能量，这个来自地球内部的热源，有效地减缓了地球的冷却速度，加上其他一些因素，导致开尔文得到的结果，比我们星球的实际年龄小得多。

遗憾的是，开尔文研究地球年龄问题时，人们还没有发现放射现象，这是后来 19 世纪 90 年代贝克勒尔和伦琴所做的工作。后来的研究者，包括居里夫妇、欧内斯特·卢瑟福等，提出了控制放射性元素行为的理论。这些理论为最终解开地球年龄的奥秘提供了钥匙。

放射性元素很不稳定，它们会自发地衰变为其他元素，同时以辐射的形式释放能量。放射性元素衰变为其他元素的速度非常精确。如果能测量这种衰变速度，那么就拥有了一个异常精确的时钟，正是这个时钟成了判断地球年龄最可靠、最精确的工具。

在开篇的方程中，$N(t)$ 表示在某个时刻 t 该放射性元素样品中的原子核数量，N_0 表示初始时刻（$t=0$ 时）样品中该放射性元素的原子核数，衰变常数 λ 取决于具体的放射性元素类型。放射性元素的衰变速度不同，因此 λ 的值各不相同。卢瑟福从 1905 年开始，逐渐弄清楚了辐射衰变的机理，他的理论经后续科学家的努力得到了改进和完善。

放射性定年法已经使用了将近 100 年，世界各大洲都发现了年龄超过 35 亿年的岩石，还有年龄约为 45 亿年的陨石。月球上也发现了大量年龄介于 35 亿~40 亿年之间的岩石。因此，科学界目前的共识是将地球的年龄判定为 45 亿年，误差在 ±1%。就我们地球母亲的年龄而言，综合各方面情况判断，她的状态看起来相当不错！

37.

能听到吗？

$$RT_{60} = \frac{0.049V}{S_e}$$

赛宾公式

RT_{60} 是指声音衰减 60 dB（人耳已基本上听不大清楚了）所需的混响时间；V 是声源所在房间的体积（单位：ft³）；S_e 是房间表面积中的有效吸声面积总和，其值取决于声音的频率。人们测量了各种材料的 S_e 值，并制作了专门的查询表。例如，频率为 1 000 Hz 的声音，木地板的 S_e 等于 0.07，而乳胶海绵地毯的 S_e 为 0.69。

1895 年的哈佛大学，曾经有一块烫手的山芋。当时，哈佛大学新开业的福格艺术博物馆中，有一个区域叫福格讲堂。但刚刚落成的讲演厅很快就遭到差评，因为它的音效太差，很多观众反映在礼堂中听不清演讲者的声音。对这个斥巨资打造的设施所存在的问题，哈佛大学心有不甘，急于解决。于是，哈佛大学把问题抛给了自己著名的物理系。但哈佛大学物理系那些杰出的教授，一个个唯恐避之不及。在亲自体验了福格讲堂的音效后，他们觉得症结可能在于礼堂的传声效果上。

解决福格讲堂的音效问题最终落在了华莱士·克莱门特·赛宾（1868—1919）的身上，他是当时哈佛大学物理系最年轻的教员之一。赛宾现在被称为"建筑声学之父"，但在 1895 年，当时的赛宾还只是哈佛大学一名年轻的讲师，对建筑声学没有任何实践经验。

什么因素造成了演讲厅的音效差异？音乐厅和演讲厅的音效有何区别？有没有可能设计一个礼堂，适合各种类型的器乐、声乐以及演讲？在赛宾接手福格讲堂之前，这些问题没有答案，现在有了。

赛宾为建筑声学带来了一种定量的、科学的方法，其重要贡献就是提出了"混响时间"的概念。我们站在房间中央拍手，拍手声消失需要多长时间？在一个布置家具的客厅里，混响时间可能在 1s 左右。拍手产生的声波向外传播，碰到墙壁、地板、天花板和其他物体后发生反射，有些反射波还会回到人的耳朵里。随着时间的推移，所有被反射的声波开始逐渐消失，最终，拍手产生的原始声音会销声匿迹。

赛宾给出了房间大小、建筑材料和混响时间之间的量化关系。想象一下，我们在同一间房子里，重复客厅的拍手实验，只不过现在要撤掉家具，包括地毯、窗帘、椅子、桌子或沙发等。此时，混响时间将会延长，可能要比之前的情况长上几秒。房地产经纪人更喜欢向客户展示装修好的房子，因为没有家具的房间显得冷清和缺乏温馨感，同时，未装修房屋糟糕的音效也会给买家留下负面印象，而布置过的房间则更容易吸引客户眼球及抓住客户耳朵。

1895 年的福格讲堂并没有特别吸引听众的耳朵。在最早的实验中，赛宾测量到，福格讲堂的混响时间足足超过了 5s！5s 要比一般人大声念完本句话的时间还要长。如果有人在一个混响时间为 5s 的房间里大声讲话，那么，很容易理解为什么别人会听不清，因为前面讲的话产生混响以后，会和后面讲的话交杂在一起。

5s 或更长时间的混响并非完全是坏事。宏伟的巴黎圣母院大教堂，它的混响时间长达 8.5s，这为教堂里巨大的管风琴赋予了丰富饱满的音色，其他的安静环境不可能产生这样的效果，但巴黎圣母院教堂并不适合演讲。

福格讲堂的问题与此类似。晚上，当演讲厅空无一人时，赛宾对声学效果欠佳的福格讲堂和哈佛大学的其他演讲厅进行了一系列实验，其中包括一些著名的声学实验。他借助便携式管风琴，记录弹奏一个音符后，声音消失的时间，唯一的测量工具就是秒表和他的耳朵。

不过，好在赛宾还有其他助手，一小队学生帮助他重新布置了福格讲堂以及其他演讲厅的家具。测量实验包括不同情形，如地板上铺不铺地毯，房间里的椅子加不加垫子，以及椅子上坐多少个人等。赛宾发现，大厅里坐 1 个人和增加 6 个椅垫，在减少混响时间上的效果是一样的。

最终，赛宾得到了混响时间、大厅体积和所含吸声材料多少之间的定量关系，即本节方程。其中，RT_{60} 是声音衰减 60 dB 或降到基本上听不见时所需的混响时间；V 是声源所在房间的体积（单位：ft^3）；S_e 是房间表面积中的有效吸声面积总和。计算给定房间的 S_e 需要做一些额外工作。首先，不同材料的吸音方式各不相同。在木椅上放一个垫子，会增强椅子的吸音性，如果椅子上坐一个人，会吸收更多的声音。赛宾测量了各种材料的"吸收系数"，并制成表格。知道这些信息，并且通过测量房间里各种材料的表面积，就能计算出 S_e。

把方程应用到福格讲堂，赛宾提出了安装吸声材料的建议，这个措施大大缩短了讲堂的混响时间，并让福格讲堂回归到本来的设计用途——演讲。赛宾给出了不同场景下，他认为的理想混响时间。偏长一些的混响时间，如 2 ~ 3s，适合器乐表演，这个混响时间让音乐更丰富、更饱满；对声乐来说，像歌剧，需要稍短一些的混响时间；自然讲话，类似福格讲堂，最好设在一个混响时间更短（1s 左右比较合适）的建筑物内。

但最实用的还是多功能演出厅，在这种大厅里，比如在周一晚上可以举行一场作家或学者的演讲，在周二晚上安排一出戏剧，在周三举办弦乐四重奏，在周四到周日上演歌剧。要达到这个目的，大多数演出厅是可配置的，以改变其混响时间。比较常见的办法是在大厅的侧墙和后墙上安装可升降幕布：幕布完全降下时，适用于演讲；幕布收起来时，适用于乐器演奏；幕布调到中间位置时，适用于歌剧演出。

在福格讲堂的改进大获成功后，赛宾被聘为波士顿交响乐大厅的声学设计顾问，音乐厅于 1900 年正式对公众开放。这是第一个使用定量声学方法设计的音乐厅，直到一个多世纪之后，波士顿交响乐大厅恢宏的音效仍然享誉四方。

38.

衰变热量

$$\frac{P(t)}{P_0} = At^{-a}$$

核反应停堆后的热量衰变方程

上述方程给出了一种在核反应停堆后，计算热释放速率（相对于时间）的方法。其中，$P(t)$ 指停堆后某个时刻 t 反应堆释放热量的速率；P_0 指反应堆释放热量的极大速率，即释放热量的最大速率。$P(t)$ 与 P_0 的比值随时间 t 的增加呈指数衰减，如方程所示，衰减率取决于常数 A 和 a。

2011年3月11日，日本东北部发生了9.0级地震并引发了巨大海啸，当时的福岛核电站的反应堆完全按照系统设计，执行了自动停堆程序。不幸的是，这仅仅是后续一系列问题的开端。核电站与传统发电站（如煤电厂或燃气发电厂）相比，两者的基本原理并没有太大区别。不管发电站的动力能源是什么，核燃料、煤炭、天然气，都是利用系统产生的巨大热量来加热大量的水，由此产生的蒸汽推动发电机的涡轮旋转。它们的不同之处，仅仅在于热量产生的方式不同。

通过燃烧煤炭或天然气来产生热量，这个过程相当简单，只需要燃料、氧气和一点儿火花就可以触发燃烧过程，只要有源源不断的燃料和氧气，这种燃烧方式就会一直持续下去。想要停止燃烧，只需切断燃料供应即可。想象一下我们在厨房的天然气灶上烧水的场景：打开燃气灶几分钟后，锅里的水开始沸腾；关掉燃气，火焰熄灭时，沸水几乎立即停止了沸腾。大约1小时后再回来，锅里水的温度降到了室温。

现在假设，厨房里用的不是天然气灶，而是一个小型的核反应堆炉灶。核反应堆的基本原理是将足量的核燃料（如铀235）聚集在一起，然后引发受控核反应。[#]在受控核反应中，

[#]启动核反应堆不仅需要收集足够的核燃料，通常还要"启动中子源"来引发整个过程。

较大的原子核发生裂变，衰变为几个小的原子核，每次在这个过程中，大原子核中会释放出若干中子，这些中子又去轰击其他原子核，导致新的裂变，整个反应变成一种自发过程。这种反应会释放出巨大热量，我们可以用这些热量来煮沸炉子上的水。

为了控制整个核反应过程，必须要控制反应中释放出的中子，因此，控制棒是核反应堆必不可少的部分。控制棒由易于吸收中子的材料制成，用来阻止中子进一步参与核反应。将控制棒插入或拔出核反应堆，有点儿类似调节燃气灶的燃气大小。拔出控制棒，就会引发更多的核反应，进而产生更多的热量；插入控制棒，反应程度降低，产生的热量也随之减少。

接下来，核反应堆小灶烧开了锅里的水，这时需要一直插入控制棒来关闭反应堆，这么做的本质是要阻止释放更多的中子来控制核反应。但反应堆内部产生的热量不会立刻降到 0，这一点与燃气灶不同。一个大燃气灶热释放速率（即功率）大约为 10 000 BTU/h（英制热量单位，1BTU/h ≈ 0.293 W），换算一下是 2 930 W，就按 3 000 W 来算吧。当我们关掉燃气灶时，它的热释放速率几乎会从 3 000 W 立刻降为 0 W。

假设核反应堆炉灶的热释放速率也是 3 000 W，从关掉它的那一刻起，1 秒钟后，热释放速率会从 3 000 W 降到 210 W；4 小时后，它的热释放速率大约是 30 W，是其最大速率的 1%；1 个月后，反应堆仍然有 15 W 的热释放速率，即最大速率的

0.5%。我们不可能通过人为干涉，让这个热释放的过程完全停下来。

停堆后释放的热量称为衰变热量，开篇的方程给出了一种计算方法。方程的左边 $P(t)/P_0$ 是指停堆一定时间 t 后，释放热量的速率与最大速率的比值；方程右边，A 和 a 是常数，t 是时间。因此，两者的速率之比一开始下降得很快，但在随后的很长一段时间内，将保持在一个很小的值，非常接近 0。

1 个月后，热释放速率之比降到 1% 的一半，这个量看上去微不足道，对我们的小灶来说确实如此。但是，如果把这个热量，比如说放大 300 000 倍左右，就相当于一个核反应堆可能释放的热量，此时，这个巨大数值的 1% 或 0.5% 就是一个相当可观的数值了。

在福岛核电站的反应堆关闭 4 小时后，每个反应堆仍然在以大约 30 MW（30 000 kW）的速率释放热量；停堆 1 周后，每个反应堆的衰变速率仍然在 10 MW 左右。如何在面对各种自然及人为灾害时，安全应对这种巨大热量带来的风险至关重要，这也许是核电站设计中最具挑战性的一个方面。海啸淹没了福岛核电站，摧毁了反应堆的冷却系统，反应堆持续产生的余热无法释放，导致反应堆过热，继而引发爆炸、放射性物质泄漏等事故。

为什么不能像燃气灶一样把核反应堆完全关掉？这是因为即便关闭反应堆，有效阻断所有产生中子的反应，反应堆中的元素（铀235和其他元素）仍然会通过一种被称为"放射性衰变"的独立过程释放热量，这是完全自发的现象。举例来说，有些人房屋内的放射性氡可能会达到危险水平，原因可能是在某些区域，这些氡自然地穿透地面，进而辐射到房间内部。由于核反应堆内聚集了大量的放射性物质，自发着不可控制的放射性衰变过程，这样便在相对狭小的空间内聚集了大量热量。当反应堆关闭时，必须要采取一切措施，不断疏散热量，避免反应堆熔化或爆炸。

核物理学家、核工程师们必须要建立概率思维，比如，某一核反应发生的概率，由此释放出来的中子触发另一反应的概率等。那么，当反应堆关闭时，它停止释放热量的概率自然是0。但是，为疏散衰变热量而设计的各种备份冷却系统，它们完全失效的概率是多少呢？这个概率可以很小，但永远不可能为0，福岛核电站就是一个例子。我们需要的是一个安全的反应堆设计，包括能够应对所有冷却系统都失效的情况。核工程师告诉我们，这是有可能实现的，而且已经有了先例。但是，新建任何一类反应堆的费用都是一个令人望而生畏的天文数字。在福岛核电站事故之后，人们对核能的热情似乎冷却了不少。

39.

0，1，…无穷多

$$N = R^* \times f_p \times n_e \times f_l \times f_i \times f_c \times L$$

德雷克方程

德雷克方程用来估计银河系内可能与我们交流信息的外星球高智文明的数量 N，其中：

R^*：恒星形成的平均速度；

f_p：恒星拥有行星的比例；

n_e：拥有行星的恒星系中，具备支撑生命条件的行星数量的平均值；

f_l：确实在某个时期存在生命迹象的行星比例；

f_i：存在生命的行星中，孕育出高智生命的比例；

f_c：外星球高智文明中，具备能力向外部发射可探测信号，宣示自身存在的比例；

L：上述外星球高智文明向太空发射可探测信号的时间长短。

宇宙很大，这尽人皆知。大到什么程度呢？凡是跟宇宙相关的数量问题，几乎都可以按照"0，1，…无穷多"这样的节奏来计数，而不必"0，1，2，3…"一个一个来数。这是因为在宇宙中，如果一旦找到某种事物的第二个实例，那么几乎可以肯定，不管我们考虑的对象是什么，它在宇宙中的数量一定会极其庞大。当然，极其庞大不等同于无穷多，但的确是一个天文数字。

就拿行星来说吧，我们生活的地球就是一颗行星。很久以前，天文学家们就逐次发现了太阳系中的其他行星。"0，1，…无穷多"这种观念认为，一旦发现第二颗行星，大可以放心地下结论：宇宙中存在着数量惊人的行星。宇宙就是这样浩瀚。

所以，对宇宙中数量惊人的行星，人类几乎不可能给出精确计数。那宇宙中的高智文明又如何呢？在所有行星中，有多少行星存在高智文明？我们目前只知道一个，也就是人类生活的星球。但如果我们一直找不到第二个的话，并不代表人类不用心。如果真的有那么一天，一旦人类找到第二个，我们便可以下结论：宇宙中存在高智文明的行星数不胜数。

也就是前些年，人们还把那些寻找外太空高智文明的人当作疯子。如今，寻找高智文明已经成为天体物理学中一个公认的分支学科。这方面最早的成就之一，就是我们开篇介绍的方程，即德雷克方程，用来估计银河系内可能与我们交流信息的外星球高智文明数量。

如前所述，德雷克方程中有很多变量。这个方程的目标是，估计银河系中可以和地球接触的外星球高智文明数量。弗兰克·德雷克是一位天文学家和天体物理学家。1960 年，他在"寻找外星球高智文明"（SETI）学术会议上正式发表了这个方程。最初，德雷克认为，与其说这个方程是一种计算外星球高智文明数量的方法，倒不如看作是对人们长期以来不屑于考虑外星人是否存在的一种反思。

1961 年，德雷克在同事的支持下，用这个方程完成了他的首次估算。德雷克根据当时仅有的少量数据，估计了方程中各个变量的数值，他计算出 $N = 10$。由此，德雷克推测，银河系中可能有 10 个外星球高智文明会与我们建立联系。还有其他许多人用德雷克方程做过预测。卡尔·萨根是这个方程的拥趸者，1966 年，他对方程的变量值做了更加大胆的估计，计算出银河系中可能与地球建立联系的外星球高智文明数量 $N \approx$ 100 万。萨根大力宣传和推广这个方程，以至于这个方程后来被误称为"萨根方程"。还有另外一些人，他们不像萨根那样乐观，用方程估计 $N \ll 1$。

所有这些预测，都不可能摆脱我们的主题——"0，1，…无穷多"现象，特别是我们注意到德雷克的方程只考虑了银河系一个星系，保守估计，宇宙中星系的数量为1 250亿。

德雷克方程的好处是把与探寻外星生命相关的几个因素都综合了起来。费米悖论指出，正如某些利用德雷克方程等方法预测的结果，人们对银河系内外星球高智文明的存在性给出了过高估计，同时又缺失与它们建立联系的积极证据，这两者显然是一个矛盾。

传统上，人们将这种外星通信证据的缺失状态称为"大沉默"或"沉默的宇宙"。通过德雷克方程的变量 L（即外星球高智文明向太空发射可探测信号的时间长短）可以解释这一点。人类从地球向太空发送可探测信号（如无线电波）的历史不超过一个世纪，这点儿时间对一个年龄超过 45 亿年的星球，显然微不足道！很有可能，人类在地球上进化的几十亿年前，其他星球上的高智文明已经走完了诞生、延续和消亡的整个过程。

时间问题之外，还有空间问题。如果你认同人类不可能以超过光的速度向外发射信号，那么距离可能是阻碍我们与其他高智文明建立联系的一个因素，特别是考虑到我们人类自身的历史其实并没有多长。

研究这个领域的科学家通常分为两大阵营，我们可以称他们为"零派"和"无穷派"。"无穷派"认为，宇宙如此浩瀚而悠远，所以必然孕育了大量的高智文明。因此，他们进一步认为，人类最终与某些高智文明建立联系只是时间问题。"零派"则持相反观点，他们认为地球上产生高智文明的条件极其罕见，即便在充满行星的宇宙中也是如此。如果考虑到时间和空间上的限制因素，他们认为人类很可能永远都无法与外星球高智文明相遇。

在寻找高智文明的过程中，我们陷入了"1"的困境，地球上的人类是迄今我们发现的唯一高智文明。什么时候能走到"2"？或者，人类到底能不能走到"2"？

40.

终端速度

$$F_{\text{aero}} = 0.5\rho C_d A v^2$$

物体在空气中运动时的阻力方程

这个方程描述了物体在静止的空气中以速度 v 运动时，受到的空气阻力 F_{aero}。其中，ρ 为空气密度，A 为物体迎风面积，C_d 为物体的空气阻力系数。空气阻力与速度的平方成正比，乘积 $C_d A$ 称为物体的有效迎风面积，同时取决于物体的形状（A）及其空气动力学意义上的"光滑性"（C_d）。

对那从来没跳过伞的人来说，常常不理解，为什么会有人好端端地从飞机上跳下来呢？一定是为了追求刺激吧，速度感是其中的一个目标。一般情况下，跳伞的高度在12 000~14 000 ft之间，当跳伞员以经典的"雄鹰展翅"姿势接近地面时（四肢伸展，身体与地面保持平行），速度最高可达125 mi/h。这就是所谓的"终端速度"，是指任何生命体或非生命体，在穿过大气层时所能达到的最大速度。当跳伞员像子弹一样垂直下落时，终端速度可以增加到 200 mi/h。接下来我们将会看到，本节的方程可以解释这个现象。

重力使物体向下加速运动，空气阻力阻止物体下落，对应于方程中的 F_{aero}。物体下落速度越快，所受阻力就越大，当阻力最终增加到与物体重力相等时，物体就会变为匀速运动，此时达到终端速度。

终端速度取决于很多因素，其中包括物体的形状，如上面提到跳伞员采取的姿势，"四肢伸展"和"子弹形"的终端速度不同。虽然 125mi/h 的下落速度已经非常快了，但与 2012年 10 月 14 日费利克斯·鲍姆加特纳在"红牛平流层计划（the Stratos Project）"中的壮举相比，就是小巫见大巫了。

众所周知，"红牛"是一家生产能量饮品的公司，但这还不是全部。红牛的名字也和这家公司与极限运动的渊源有关。

红牛赞助了很多运动员和赛事，但还没有哪一个像"红牛平流层计划"这样特别，名称中的"Stratos"是"平流层"的简称。这项计划的初衷很简单，就是现场直播一名跳伞运动员从平流层跃身而下。费利克斯·鲍姆加特纳从新墨西哥州罗斯韦尔附近的上空，约128 100ft 的高度完成了这一跳。在此过程中，他应该是连创了三项世界纪录：第一项是乘坐氦气球升空，打破载人气球飞行高度的世界纪录。第二项是在他纵身一跃大概42s 后，成为第一个在自由落体的情况下突破音障的人，那一刻，他的速度达到了 690 mi/h。虽然人类在驾驶飞机时会经常突破音障，但还从未在纯自由落体的情况下突破过。突破音障之后，鲍姆加特纳的最高下降速度最终达到834 mi/h。第三项是他创造了跳伞高度的世界纪录。

从平流层跳下可谓危险重重。平流层是地球大气层的第二层，离地球最近的一层为对流层，高度约为 6mi，再往上就进入平流层，高度一直延伸到大约 31mi。平流层与对流层的物理性质不同，平流层的空气温度会随高度增加而升高，而在对流层中，空气温度随着高度增加而下降。顾名思义，平流层存在明显的分层，上层温度较高，下层温度较低。鲍姆加特纳需要克服很多困难，其中之一就是要应对温度的变化。在他刚刚跳下时，温度大约在-23 ℃，但是当他进入平流层后，温度会下降到大约-40 ℃。

在100 000ft 高度，大气层的压力和密度也是一个不可忽视的风险。这个高度的空气含氧量只达到海平面时的 1%，如果没有特殊的呼吸设备，根本挺不过来。然而，正是因为空气非常稀薄，鲍姆加特纳才有机会超过音速，创造世界纪录。在对流层中，由于空气阻力要大得多，人类仅仅依靠重力，无法达到如此快的速度。

在方程中，F_{aero} 是阻力，C_d 是阻力系数，ρ 是空气密度，v 是速度，A 是下落物体相对空气的横截面积，即所谓的迎风面积。因此，随着空气密度的降低，阻力会成比例减小，喷气式客机通常选择在这个高度巡航，原因之一是较低的空气阻力大大提高了燃油效率。如果平流层的空气密度只有海平面时的 1%，那么物体此时受到的空气阻力只有海平面时的 1%。因此，稀薄空气中的终端速度要比正常空气中的终端速度大得多。[#]平流层中空气的低密度是打破速度世界纪录的必要条件，但同时也极其危险。

平流层的低气压还会导致体液沸腾，这会给人体带来剧烈疼痛，并可能致人死亡，一旦发生这种情况，人体体内的液体会变成气体。也就是说，在如此低的气压条件下，人的体液会沸腾。大卫·克拉克公司负责制造保护鲍姆加特纳的增压服和头盔。在 1960 年约瑟夫·基廷格（鲍姆加特纳的导师）那次

[#]从方程中也可以看出，为什么采取垂直姿势的跳伞员比传统的四肢张开动作能够获得更高的终端速度，因为四肢展开时的迎风面积 A 和阻力系数 C_d 都要大得多，这些因素增加了阻力，从而降低了终端速度。

著名的102 800ft 太空跳伞中，也是大卫·克拉克公司为其设计了相关保障设备。在鲍姆加特纳之前，基廷格的跳伞高度纪录一直保持了 50 多年。基廷格的自由落体速度略超 600mi/h，接近但没有突破音障。由大卫·克拉克公司为鲍姆加特纳设计的宇航服首次服务于非官方资助任务，这也是史无前例的。

"平流层计划"不光是一个昂贵而危险的广告噱头，同时也为科学界积累了超音速条件下人体及其机能的相关知识。在如此高速下，控制身体对防止剧烈旋转和振动至关重要。刚刚跳落的时候，鲍姆加特纳就开始旋转，继而失控，但之后总算恢复正常。否则，就得被迫启动减速降落伞，鲍姆加特纳也将无缘创造新的世界纪录。有朝一日，宇航员们也许能够利用"平流层计划"中的技术和策略，安全地从太空任务中弹射脱险。至于其他人嘛，传统跳伞带来的刺激虽然跟太空跳伞没法相比，但对我们来说已经足够了。

41.

水啊！ 水啊！ 你无处不在

$$F_{\mathrm{mag}} = V_{\mathrm{sphere}} M_{\mathrm{sat}} \nabla B$$

磁场对粒子的作用力方程

当某种铁磁性材料（可被磁铁强力吸引的材料）的粒子处在外加磁场中时，磁场会对粒子产生一个作用力 F_{mag}。F_{mag} 可以根据粒子的体积 V（假定为球体）、磁饱和强度 M_{sat}，以及所在磁场的梯度 ∇B 来计算。

有人认为，如果发生下一次世界大战，人类一定是为了争夺淡水资源。现在，地球上的总人口数已经超过了 70 亿，按人口平均，淡水资源是安全和充足的。遗憾的是，这些淡水无法实现"平均分配"，比如，每年灌溉南加州沙漠中所有高尔夫球场的用水量高达数十亿加仑，这些水可以拯救全世界许多人的生命。但是，要把这些水提供给需要它的人，光有一片善意是远远不够的。

人类面临着各种各样的饮水问题，有的地方缺水，有的地方水量充沛，但存在很多其他问题。饮用水很容易受到各种物质的污染，包括杀虫剂、粪便、细菌、工业排放废物和地下的天然矿物。不同国家和地区面临的淡水问题不尽相同。这里，我们以一个国家为例，讨论它面临的一个饮水问题——孟加拉人民共和国（简称孟加拉）饮用水中的砷污染问题。

如果不考虑像新加坡这样的"城邦国家"，孟加拉是世界上人口密度最大的国家，大约有 1.42 亿孟加拉人拥挤在这个局促的国度里，它的面积仅相当于 300 万人口的美国艾奥瓦州。孟加拉的人口密度接近2 500人/mi^2。相比之下，美国算是一个地广人稀的国家，人口密度仅为 83 人/mi^2。世界上人口最多的国家——中国，人口密度为 363 人/mi^2，印度的人口密度是 952 人/mi^2。

过去，孟加拉的饮用水主要依赖地表水，而不是井水。为了解决 20 世纪末日益严重的地表水细菌污染问题，孟加拉开始把精力转向钻井取水。不幸的是，细菌污染的问题解决了，但却引发了新的问题。

砷是地壳中一种无色、无味、有毒的化学元素，它污染了孟加拉大量的井水。据估计，在孟加拉，每年有 3 000 人死于砷污染，目前约有 200 万人体内的砷含量超标。孟加拉 64 个县中，有 59 个县的井水砷含量要高于美国国家环境保护局（EPA）规定的上限值。

高浓度的砷可以致人死亡，它曾经被广泛用作老鼠药。饮用水被低剂量的砷污染后，产生的影响更迟缓、更具隐蔽性。饮用被砷污染的水会导致多种癌症，以及心脏病、皮肤损伤和各种感染。

砷是地壳中含量排序第 52 位的元素。然而，和大多数元素一样，它的分布很不均匀，孟加拉并不是唯一一个存在砷污染水现象的地方，比如，美国西部有很多地方的土壤中也含有大量的天然砷，但为什么这些地方的人没有受到砷污染饮用水的困扰呢？污染当然是存在的，但一般不会影响到居民，因为砷污染问题通常是饮用井水导致的，而且这些地区的大多数居民都不喝井水。建议那些可能接触到砷污染井水的人，一定要化验水源，确保砷含量低于环保标准。如果饮用的井水含有砷，其实是可以做净化处理的。因此，在诸如美国这样的发达国家，饮用水中的砷污染问题相对较少。

在孟加拉就不一样了，大范围的砷污染、世界上最稠密的人口、极端贫困等所有问题叠加在一起，便导致了严重的饮水安全问题。可能有人会想，准确地测量一下孟加拉井水中的砷浓度，然后再作净化处理，问题不就迎刃而解了吗？事实上并没有那么容易。在实验室中测量砷的精确含量，用到的实验仪器通常既昂贵又笨重，这些仪器并不适合现场化验。据估计，孟加拉大约有1 100万口水井，因此，只有经济、快速、便携的测量方案才真正实用，而且要相当精确。对水中砷的危险水平做出评估后，接下来就必须要除掉这些砷，才能供人们安全饮用。

利用磁性纳米晶体来净化和处理砷是一种新技术，这种技术最早是采矿业中的一种工艺。莱斯大学的研究人员发现，在受到砷污染的水中加入氧化铁晶体，其中的砷会与氧化铁结合在一起，之后，可以通过磁分离技术，将这些纳米级别的晶体（氧化铁连着砷）从水中去除。由于这种工艺只能在水中添加非常少的氧化铁（0.5 g/L），因此，和传统的化学反应及过滤技术相比，该工艺处理能力非常有限。

本节的方程实际上就是磁分离技术的理论基础。让含有氧化铁纳米颗粒的水，通过一种叫作"高梯度磁选机"的装置——本质上是一种装有钢丝绒的金属管，并施加一个外部磁场，磁场使金属管和钢丝绒吸附了水中的氧化铁颗粒，从而达到净化效果。

将氧化铁颗粒吸附到金属管和钢丝绒上的力非常复杂，我们可以通过建模来理解该过程，这种复杂的作用力可以看作是粒子体积（假定为球形）及其磁饱和强度 M_{sat} 和磁场梯度 ∇B 的一个函数。研究人员发现，当纳米级别的晶体尺寸约为 12 nm 时（大约是人类头发直径的 1/2 000），净化的效果最佳。

像孟加拉这样的国家，这项技术是否适用于井水除砷，也许只有时间可以告诉我们答案。同时，如果你所在的地方，人们可以打开水龙头接杯水，然后毫无顾虑地一饮而尽，那么，你要知道，这是一件多么幸运的事儿。

42.

狗龄

狗的年龄×7＝对应的人类年龄

狗与人类年龄的换算关系

用狗的年龄乘7，就可以大致估算出这个年龄相当于人类的多少岁。

在达尔文式的生存竞争中，为什么有些物种衰老得更快？人类虽然被认为是陆地上寿命最长的哺乳动物，但许多水生动物，包括一些哺乳动物，比人类的寿命要长得多。比如，有些鲸的寿命可以超过200年。再说陆地生物，2006年，印度某动物园的一只巨型陆龟活了255岁。但另一方面，地球上所有形形色色的生物加起来，平均寿命其实一点也不算长。

想想我们最忠诚的朋友——狗，有些品种的寿命不到10年，即便是寿命最长的品种，其平均数也不会超过14年。20岁的狗可能比100岁的人更少见。

无论是否养过狗，大家可能都对狗的年龄有所了解。本节方程描述的正是这个简单的概念。因为狗的衰老速度要比人类快得多，我们可以用狗的年龄乘7来粗略感知一下狗和人类年龄的对比关系。例如，有一只2岁的狗，那么2×7＝14，就是狗对应人类的年龄，相当于人类的青少年；一只11岁的狗，狗龄相当于77岁的人，真的已经很老了。

这里边有一个明显的问题，不同品种狗的预期寿命差别很大。根据pets.ca网站的数据显示，爱尔兰猎狼犬的平均寿命只有6年多一点儿，而迷你贵宾犬是它的两倍多，平均寿命差不多能到15年。因此，用乘数7来计算狗龄，充其量只能算是一个非常粗略的估计。

狗的寿命比人类短得多，衰老的过程也要比我们快，其中的原因尚不完全清楚。衰老科学是一个复杂的研究领域，然而人们对它的理解一直在深化，就连"衰老"这个词的内涵，与最初相比也在不断丰富。简单来说，衰老就是"变老的过程"，那么，"老"又是怎么定义的呢？1960年的诺贝尔生理学或医学奖得主彼得·梅达瓦将衰老定义为"生物体发生的一系列变化，这些变化导致死亡的可能性不断增加"。实际上，如果我们看一下人口死亡率（每1 000人中的死亡人数）与年龄的关系就会发现，人类在步入性成熟阶段以后，死亡率开始逐步上升。

那么，为什么人类或狗，随着年龄的增长，"死亡的可能性越来越大"？这"一系列变化"究竟包含了哪些方面的因素？

首先，衰老包含了内在因素和外在因素。例如，我们的头发随着年龄的增长会逐渐变成灰色、白色，这主要是由内在衰老引起的。头发的颜色源自毛发中的色素，由于受各种复杂因素影响，色素在头发生长过程中会逐渐消退。典型的白种人，到50岁时，一半头发会变为灰色，这是由于使头发呈现之前黑色、棕色或红色的色素大部分已经消退，当这些色素完全消失后，头发就会变成白色。

与此不同，皮肤的老化是内因和外因共同作用的结果。人到20岁以后，再生皮肤中的胶原蛋白含量会逐年递减，这属于内在衰老。胶原蛋白是人体细胞中普遍含有的一种蛋白质，正是皮肤中丰富的胶原蛋白，使皮肤变得紧致，并富有质感和弹性。随着岁月的流逝，皮肤中的胶原蛋白含量自然减少，皮肤年轻的状态开始走下坡路。但外部因素对皮肤老化的影响也很大，其中最主要的是日晒，也包括吸烟等其他方面因素。阳光中的紫外线可以造成皮肤细胞损伤，其中的机制很复杂，这种损伤可能是暂时性的晒黑，也可能带来更严重和永久性的伤害，如产生皱纹、皮肤变薄、诱发皮肤癌等。

死亡和衰老一样，也分内因和外因。斑马被狮子吃掉，这属于外因导致的死亡。那么，内因导致的死亡呢？这是指某物种处在一个相对比较适宜的环境，比如动物园里被照料得很好的斑马，此时，该生物所呈现出来的死亡率与内因相关。生物学家推测，导致死亡的内因和外因之间应该是相关联的。长期以来，人们认为，高外因死亡率和高内因死亡率是相伴的。如果某个物种在幼年时期就面临被吃掉的高风险，那么何必要进化出长寿基因（即低内因死亡率）呢？新的研究表明，内因死亡和外因死亡之间的关系可能并非如此简单。一个物种为了存活，必须要有繁殖能力，可以躲避捕食者，并且能够应对其他外部因素，比如极端天气等，所有这一切外部因素是如何与物种的长寿基因（即内部因素）建立联系的，这确实是一个很复杂的问题。

研究生物衰老的科学称为"衰老学"。某些物种的衰老极其缓慢，它们衰老的过程与其他生物迥然不同。这些生物，比如某些品种的石鱼、鲟鱼和陆龟，随着年龄的增长，它们的繁殖能力和其他方面的生物机能不会降低，死亡率也不会随着年龄的增长而提高。这样的生物可以"长生不老"吗？换句话说，它们是不是只可能死于外部因素？结论尚存争议，但尽管如此，人们一直对这些物种保持着浓厚的兴趣，想知道它们为什么能存活这么久，而且几乎观察不到衰老的迹象。人们一旦解开了其中的谜团，就会给人类的医学带来巨大影响。

然而，就目前而言，我们必须要面对自己的死亡，珍惜在世的短暂一生，如果你的家里还养了一只狗，也要珍惜和它的相伴相守。不管你相信与否，一些学术研究表明，养狗的人实际上会更长寿，虽然狗不会因此而延长寿命，遗憾之至。

43.
体温

$$j^* = \sigma T^4$$

斯特藩–玻尔兹曼定律

所谓"黑体"是一种理想的辐射源,其表面单位面积在单位时间内辐射出的总能量(或功率)j^*,与黑体本身绝对温度 T 的 4 次方成正比。在国际单位制中,j^* 的单位是 W/m^2,绝对温度 T 的单位为 K,斯特藩–玻尔兹曼常数 σ 约为 5.67×10^{-8} $W \cdot m^{-2} \cdot K^{-4}$。

"生命本身就是一个奇迹。"这么说自有它的道理。人类的生命依赖于人体各个系统的正常运转，包括人体调节自身温度的能力。人类体温的最佳值，即身体核心温度为 37 ℃，如果体温持续高于或低于核心温度，哪怕仅仅是几度的变化都可能造成灾难性后果。人体吸收和释放能量的途径和方式很多，人体温度的平衡关联了所有这些因素。红外辐射（IR）是人体释放能量最重要的方式之一，有时也被称为热辐射波，这正是我们本节的主题。

凡是温度在绝对零度（-273 ℃）以上的物体都会产生辐射，这不仅包括表面温度约为5 500 ℃的太阳，也包括桌上的一杯咖啡，甚至这杯咖啡旁边的一个苹果。太阳由于其炽热无比的温度而产生辐射，这很容易理解，这种辐射既能看到，也能感觉到。但在正常室温下，厨房里的苹果由于其温度缘故也会产生辐射，尽管我们看不到，也感觉不到。太阳、苹果等任何物体产生的辐射，都遵循同样的定律，即本节介绍的方程——斯特藩-玻尔兹曼定律。

根据公式，可以计算出室温条件下（假设温度为 20 ℃），苹果辐射出的能量水平为 418 W/m²，一般苹果的表面积大概是 0.03 m²，因此，这个苹果辐射出能量的功率为 13 W，这并非一个可忽略不计的量。但放在厨房餐桌上的苹果并没任何异常，它所处的环境中，几乎所有物体的温度都和室温差不多，这些物体向外辐射能量的功率也和苹果接近，因此，苹果的总能量既没有增加也没有损失。同样的道理，根据斯特藩–玻尔兹曼定律，苹果辐射和吸收能量的功率大致相同。

当你在厨房时，至少有一样并非室温，那就是你自己的身体。人体核心温度是 37 ℃，但皮肤的温度会稍微低一些，大约 33 ℃，穿着衣服时，服装布料的温度大概是 28 ℃。因此，由斯特藩–玻尔兹曼方程可知，人在着装后，辐射出的能量水平为 465 W/m^2。同时，如上所述，同一个人会以 418 W/m^2 的水平吸收室温环境中的辐射。两部分的差值 465−418＝47（W/m^2），正是身体向厨房红外辐射能量的净值，普通人的体表面积约为 2 m^2，所以，辐射能量的功率为 2×47＝94（W）。

为简单起见，我们就按 100 W 来算，这是一个典型的穿衣服的人，当他待在正常室温的厨房时对外辐射能量的功率与 100 W 的白炽灯差不多[#]。如果摸过灯泡的话，特别是点亮一阵的灯泡，我们都知道很烫，足以烫伤手指，那为什么人的身体不会那么烫呢？究其原因，人体的表面积大概是灯泡的 100 倍，所以从身体散发的 100 W 热量，会分散在比灯泡大得多的面积上。

[#] 众所周知，白炽灯的能效很低，一个 100 W 的钨丝灯泡，它的发光效率只有 2.6%，这意味着只有不到 3% 的电能转化成可见光，其余的都转化成了热能。

　　斯特藩-玻尔兹曼定律表明，红外辐射可能是人体释放或吸收热量最重要的途径，但不是唯一方式，对流和蒸发也是人体热量交换的重要机制。当我们站在风扇前，对流会使人体降温，与空气静止时相比，冷风气流会更快地带走热量。蒸发降温是另外一种机制，与出汗有关，当天气炎热或从事体力劳动后，人体的核心温度开始上升时，蒸发机能会自发启动，我们在第 17 节中讲过这一点。还有其他一些能量流动机制，但这里我们主要关注辐射。辐射不仅在全部能量流动中占据主要地位，而且可能也是最隐蔽的一种方式。无论我们吃饭、睡觉、休息还是剧烈运动，热辐射昼夜不停地进行着。就像上面苹果的例子，辐射产生的净能量变化同时取决于物体的表面温度和周围的环境温度。

　　在我们知道人体红外辐射的功率大约是 100 W 后，会对很多相关情况有进一步了解。我们重点关注两个跨度很大的方面：一个是会议室的室温调节；一个是人类饮食的基本能量需求。

　　首先来看室温调节问题。房间容纳的人数越多，调节室温需要应对的热量自然就会越多。房间内一个 30 人规模的聚会，相当于一个 3 000 W（30×100 W）的热源，大概等效于两个电吹风机在客厅里全时运转。设计电影院、教堂、礼堂等建筑温度控制系统的人必须考虑到这一点，否则，身处其中的人可能会因为太热而不舒服。

现在再来看饮食。基础代谢率（BMR）是指人在安静状态下消耗能量的最小速率，这是保证身体各个基本系统（包括温度调节）正常运转所消耗的最小能量。事实证明，我们对人体红外辐射功率（100 W）的估值与 BMR 密切相关。两者之间的单位有以下转换关系：100 W = 100 J·s^{-1}，将其乘一天中的总秒数（86 400 s），会发现 100 W 的能量流一天中产生的能量等于 $8.64×10^6$ J，再把它转换为大家熟悉的食物卡路里，相当于2 064 cal 的食物热量。

基础代谢率可以通过实验来测量，取决于体重、身高、年龄和性别。一个正常身高和体重的年轻人，每天的 BMR 可能相当于1 900 cal 的食物热量，这与我们之前估计的2 064 cal 相差不远。大多数人的日常活动强度要高于基础代谢，因此他们的饮食能量需求必须要大于 BMR，但实际需要的量没有你想象的那么多。一个日常生活中很少进行体育锻炼的人可能只需要 1.2 倍 BMR 的饮食能量来保持体重，对于 BMR 为1 900 cal 的年轻人来说，这相当于每天要摄入2 280 cal 的食物热量。如果再多的话，就会发胖，不管你愿不愿意。

44.

炽热

$$E\ (\lambda,\ T)\ =\frac{2hc^2}{\lambda^5}\frac{1}{e^{hc/\lambda kT-1}}$$

普朗克辐射定律

普朗克辐射定律给出了理想"黑体"在绝对温度 T 下，以波长 λ 向外辐射能量 E 的量化表达。方程右侧的常数分别是光速 c、普朗克常数 h 和玻尔兹曼常数 k。从方程可以看出，随着温度的升高，辐射产生的总能量增加，辐射峰值对应的波长向短波方向移动。

时装设计师或室内设计师把红色称为"暖色",把蓝色称为"冷色"。其实,颜色和温度之间有着非常本质的联系,远不止对一件新衣服或者粉刷一新的餐厅的感官体验这么简单。

上一节(43. 体温)的故事中,我们向读者说明了人体持续不断地产生红外辐射,而且辐射的功率不容小觑,事实上,它相当于一盏 100 W 的灯泡。但我们自己看不到自己身体发出的辐射,除非我们有类似蟒蛇的眼睛,或者手头恰好有那么一台炫酷的红外摄像机。

红外摄像机可以检测到电磁光谱中的红外波段,并且生成红外辐射的人工彩色影像。由于红外波的波长较长,普通相机和人眼都观察不到。可见光的波长介于 400~700 nm 之间,红外波的波长从 700 nm 一直延伸到 1 mm 左右。如今,红外摄像机不再昂贵,可以用于各种各样的场景。例如,可以请专门人员,他们会利用红外照片向我们展示冬季从门、窗、阁楼等地方流失的热量。人体的红外照片也很有趣,它可以显示身体表面温度的分布很不均匀,鼻子、耳朵和四肢的温度要比其他部位更低一些。红外摄像机探测的实际上是红外波的频率。

上一节故事中的斯特藩–玻尔兹曼定律向我们揭示了物体的温度与辐射能量之间的关系,但这个定律无法告诉我们,红外摄像机是靠测量物体辐射电磁波的波长来工作的。随着温度的升高，物体释放的能量会逐渐增多，而这些能量大体上都对应于一系列波长递减的电磁波，这就是本节方程揭示的内容。在正式讨论之前，我们先来看一个简单的实例。

这个典型例子就是铁匠铺里的钢材。当铁匠开始加热这块钢材时，钢材很快开始变热，此时，如果有人糊涂到用手去拿它，必然会被烫得很惨。但在钢材被加热到 500 ℃之前，我们无法用肉眼来判断它是否已经热到足够导致烫伤。钢材温度达到 500 ℃时，它的颜色开始变红，最初的红色若有若无；继续加热，钢材颜色从深红色逐渐变为鲜红色、黄红色、黄色，最后在 1 200 ℃左右变为明亮的蓝白色。因此，一块钢材加热到一定程度后，我们可以通过观察它的颜色来大致判断其温度。

钢材在温度低于 500 ℃时，肉眼看来，和室温下的状态没什么区别。不过，对红外摄像机可就不同了。在室温下，钢材的红外辐射与我们之前故事中提到的苹果非常相似，当加热钢材时，它释放能量的速度很快，而且大部分辐射能量的波长更短。最终，这些波长减小到某个程度，就进入可见光波段，即我们能够看到的"红热钢"。

本节的方程称为普朗克辐射定律，给出了热辐射相关因素的量化关系。方程涉及很多个物理量，但主要参数包括：物体的温度 T、物体产生辐射的功率密度 E（单位为 W/m^3），以及所辐射电磁波的波长 λ。太阳就是一个很好的例子，太阳辐射进入地球大气层的能量覆盖了全光谱，从紫外线（能够晒伤皮肤的部分）到可见光（肉眼可以看到的部分），再到红外线（我们有时称之为"热辐射波"）。波长方面，紫外线比可见光短，可见光比红外线短。我们可以用普朗克辐射定律来建立模型，与实际测量的太阳光谱辐射拟合得非常精确，如图 13 所示。

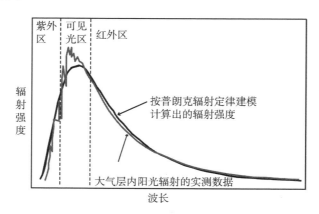

图 13　普朗克辐射定律模型与实测太阳光辐射的对照

　　所有物体产生的辐射都是其温度的函数。如果这些物体的温度足够高（如太阳、炽热的钢铁等），它们的辐射是可见的，即肉眼可以看到。对于温度不是很高的情况（如人的身体、烤熟的土豆），可以借用红外摄像机来测量辐射，并将其转换成我们可以直接看的人工彩色图像。

　　蟒蛇以及某些其他品种的蛇可以探测到红外波，当然无须借助红外摄像机。但它们用的不是眼睛，而是位于眼睛下方的一种独立的感觉器官，叫作"颊窝"，颊窝可以起到探测红外波的作用。光学上，这些器官不是特别复杂，调节聚焦能力也相当有限，但它们可以刚好发挥作用，机理有些类似我们小时候自制的老式针孔相机，稍微年长一些的人可能都玩过。颊窝对这些蛇来说，相当于士兵们在夜间行动中佩戴了夜视镜，这让蛇获得了黑暗中狩猎的能力。

蛇、红外摄像机、太阳辐射，这些都具有重要的实际意义。但我们应该注意到，本节的方程将温度、辐射能量和波长联系起来，它解决了经典物理学领域中一个一直困扰物理学家的问题，并推动开创了现代物理学。方程的创始人马克斯·普朗克（1858—1947）是一位德国物理学家，大众可能对这个名字印象不是很深，但普朗克的确可以稳稳地跻身世界最伟大的科学家之列。就拿 1928 年来说吧，马克斯·普朗克获得了首届"理论物理杰出成就奖"，这是一个至今仍然在颁发的奖项，那一年，一共有两位杰出的科学家获得此项殊荣——一位是马克斯·普朗克，另一位是阿尔伯特·爱因斯坦。

45.

晴天霹雳

$$U = IR$$

欧姆定律

电路中的电压 U，等于电流 I 与电阻 R 的乘积。电流是指电路中单位时间内的电荷流量，电流的单位是A，1 A 相当于 1 C/s。电压是指电路中两点之间的电势差（单位为 V）。电阻衡量的是电路导线对电流的阻碍作用，单位为 Ω。上面的方程变化一下形式，可得 $I = U/R$，即电路中两点之间的电流与它们之间的电压成正比。

我们需要正视一点：虽然一个人遭遇雷击的可能性非常小，但其实它发生的概率比我们想象中的要大。比如，与中彩票头奖相比，一个人被闪电击中的可能性更大，但这并不能打消人们买彩票的念头。根据美国国家气象局的数据，在美国，一个人一年之中被闪电击中的概率约为一百万分之一。

闪电，其实就是云层与地面之间由于电荷失衡导致的一种放电现象。冬季，我们有时会穿着袜子在地毯上走，如果再去触摸金属门把手，这时就会产生静电，这种电荷其实和闪电是一种性质，只不过闪电可以致命罢了。在地毯上边走边蹭，会使电荷集聚在人体表面，触摸金属门把手为电荷的流动提供了通道，结果就是被猛地电了一下，有时甚至能够看到电火花。

欧姆定律，也就是本节介绍的方程，可以帮助我们理解由闪电和冬季金属门把手产生的静电现象，尽管这些现象常被用来解释某些欧姆定律不完全适用的情况。是否有些困惑？闪电的故事，我们暂且不表，先来学习一下相关的基础知识。

乔治·欧姆（1789—1854）是一位德国物理学家，以其名字命名的欧姆定律是物理学和电子学领域最基本和最重要的定律之一。欧姆定律中的三个变量分别代表电压（U）、电流

（I）和电阻（R）。导线中的电流通常可以比作水平管道中泵送的水。水流的速度（比方说采用 gal/s 作为单位）类似流过导线的电流（单位为 A 或 C/s）。管道表面的粗糙度会对水流产生阻力，这种阻力类似导线内部的电阻（为了纪念故事中主人公，人们将电阻的测量单位命名为欧姆）。最后一点，压力是产生水流的驱动力，这类似导线中的电压。水管两端的压力差可以根据水流的速度和水管内的阻力来计算，同样，沿导线方向的电压差也可以根据欧姆定律计算出来，即 IR——导线中的电流乘导线的电阻。

欧姆定律是一个经验方程，也就是说，是由欧姆依据所进行的各种实验得到的。欧姆定律非常实用，但众所周知，它有其局限性。例如，导线中的电阻随导线的温度而变化，当电流通过白炽灯灯泡时，灯丝会变得非常热（这正是灯泡可以发光的原因），随着灯丝温度的升高，其电阻也随之增大，因此电压和电流之间的关系不再是欧姆定律所描述的线性关系。

同样，有些材料的电阻非常大，当施加的电压超过阈值后，这些材料会变为导体，空气就属于这种情况。现在我们继续之前的闪电故事。

通常情况下，空气是一种非常有效的绝缘体，这意味着空气对电流的阻力很大。在一定距离之外，"危险—高压"警告牌后边的设备之所以不会导致人体触电，正是由于空气发挥了保护作用。但是如果电压足够高，就会引发空气产生变化，使其成为电流的导体。这种情况称为空气被"击穿"并发生了电离，空气的电阻变小进而成为很好的导体。以这种方式击穿空气并使其导电，需要非常高的电压，但空气的这种特性很难量化，而且取决于许多不同因素。想要击穿 1ft 厚的空气，可能需要的电压为60 000～70 000 V。

冬季触摸金属门把手产生的静电，放电电压可能高达20 000 V，但因为产生的电流很小，所以这些高电压几乎没有任何危险（雷击导致死亡的原因是电流，而不是电压）。

但闪电就完全是另外一回事了。中等强度的雷电通常会产生30 000A 左右的电流，尽管闪电一击持续的时间极短，大约为三千万分之一秒，但这足以释放 5×10^8 J 的能量，大约相当于 5gal 汽油蕴含的能量。因为闪电传输能量的速率极快，平均一次雷击的峰值功率约为 1×10^{12} W（1 TW），这大约是航天飞机升空时输出功率的 100 倍。

有很多关于闪电的事实尚未被彻底揭示，包括闪电触发的物理过程，但我们拥有丰富的闪电统计数据。地球大气层中每秒产生闪电 40 多次，每年超过 10 亿次，大多数闪电发生在云层之间，大概有 1/4 是从云层到地面的。有些地方更容易遭受雷击，美国的佛罗里达中部号称"闪电巷"，读者可以在相关网站上查看过去 1 小时内美国闪电活动的分布图。在美国，平均每年约有 40 人死于雷击，还有数百人因此受重伤，常常造成永久性残疾。被闪电击中次数最多的纪录，可能归属于罗伊·沙利文，他经历了 7 次雷击而得以幸存，至于他是否中过彩票，我们就不得而知了。

46.

油和水

$$\gamma = \frac{W}{\Delta A}$$

液体表面张力公式

这个方程给出了一种定义液体表面张力 γ 的方法。W 是使液体的表面积增加 ΔA 时所需外力做的功。因此，表面张力 γ 的单位是能量单位与面积单位的比值，即 J/m^2。表面张力通常按照 N/m 为单位制成查询表，数值相对大小与采用 J/m^2 一致。

我们都知道有句老话叫"水火不相容"（注：英语中字面表达为"水和油互不相溶"）。某些情况下，这句话是对的。但是在石油工业中，石油和水总是密不可分的，而且要把两者分离，比你想象的要麻烦得多。油井中刚刚开采出来的原油或天然气，都是水和这些碳氢化合物的混合体，即便是距离这口油井最近的海洋、河流或湖泊在数百英里之外。2004年的一份报告指出，美国的油井，平均每产1桶油就会同时产出7桶水。从采出的混合物中分离出石油和天然气，再安全地处理掉这些水，是石油工业每天都要面临的挑战。

然而，导致石油和水混合的原因并不完全是自然过程，有时是灾难性的人为事故。2010年4月20日，在距路易斯安那州海岸约40mi的墨西哥湾，正在作业的"深水地平线"钻井平台发生爆炸并开始燃烧，导致钻井平台11名工作人员丧生。一直在海床上钻探的油井开始以可怕的速度向大海喷射石油和天然气。到2010年7月15日终于把油井封住，此时已有近500万桶石油泄漏到墨西哥湾。

事故发生后，大批救援人员试图奋力堵住油井漏点，同时其他人努力控制和清理已经溢出的石油。后来发现，第一项任务——要把损坏的油井封堵上异常艰难，实际耗费的时间要比专家最初预测的时间长得多。

但我们更关心第二项任务——控制和清理漏油。要想最大限度减少漏油对海洋环境的影响，可供选择的基本治理方案并不多，包括把泄漏的浮油围起来，收集或燃烧，或者把漏油分散到广阔的海洋中，最终让生物完成降解。某种程度上，"深水地平线"漏油事件中，人们使用了以上全部处理手段。这里我们关注的重点是"分散"。

海床会自然释放一部分碳氢化合物到海水中，这种情况遍布海底的不同位置（很久以前的陆地也有类似现象）。天然排放到海洋中的碳氢化合物最终会扩散并被生物降解，但与"深水地平线"事故中释放碳氢化合物的速度相比，这些天然漏点可以说微不足道。

为了让如此大量的石油加速扩散并完成生物降解，作业人员将一种称为"分散剂"的化学物质泵入靠近油井位置的海床。这种做法存在一些争议。首先，人们担心分散剂的化学毒性，一些人认为分散剂对海洋的长期影响可能比石油泄漏造成的后果更严重。此外，在海底5 000ft巨大的水压下，分散剂与海底石油的混合效果如何，也值得商榷。

分散剂的原理很容易演示，解释起来也不难。首先，我们来做一个实验。找两个空的、带盖子的透明玻璃罐，类似果酱瓶就可以。把两个罐子都装上一半水，然后每个罐中加一小勺橄榄油。这种油的密度比水小，不易溶于水，很快水面上会形成分层。现在盖上其中的一个瓶子，用力摇晃，油变为很小的水滴状分散到水中，水变得非常浑浊。在墨西哥湾等开阔水域发生的漏油事故，更像这个晃动的玻璃瓶，而不是一个静止的状态。洋流、波浪和风共同将石油分散到海水中，这增加了控制和收集漏油的难度。

因此，搅动的玻璃罐或者开放海域中的油，往往会形成"乳浊液"，这是一种液体（我们例子中的油）以微小液滴的形式分散到另一种液体（我们例子中的水）后形成的状态。乳浊液中的两种液体是互不相溶的。而水和乙醇混合时不会形成乳浊液，因为它们彼此相溶，混合后形成溶液。

现在再拿另一瓶没有经过摇晃的油水混合物，加入几滴洗洁精（最好是无色的），盖上盖子后摇匀，把两个罐子并排放在清静的地方。从一开始，这两种"油—水"乳浊液看起来就完全不同。滴了洗洁精的罐中液体呈现明亮的乳白色，在罐子液体的上半部有很多泡沫；没有加入洗洁精的罐中液体是浑浊的，呈黄白色，而且，在摇晃之后大约一分钟内，你会注意到油已经开始分离并在水面上形成分层。几小时内，油和水几乎完全分离，油下方的水几乎恢复最初的清澈。相比之下，含洗洁精的"油—水"混合物，即使在几周后，仍然看起来是浑浊的。

有一种叫作"表面活性剂"的化学物质，洗洁精（或肥皂）正是属于这种物质。肥皂分子两端的化学性质差异很大，一端能够强烈地吸引水分子，而同一分子的另一端强烈地吸引着另外一种性质差别很大的分子——例如油。像我们的例子中，在油水混合物中加入洗洁精后，肥皂分子会很快将自己的两端分别与水分子和油分子连接起来。在油水乳浊液中，它可以破坏油滴和包围油滴的水之间形成的界面。正是这个原理，用了肥皂之后才更容易去掉皮肤上的油脂、污垢和其他东西。

油和水之间的屏障是由表面张力引起的，本节的方程给出了一种液体表面张力的定义方式。表面张力是一种常见的现象，想一想，一只昆虫可以在池塘静止的水面上滑行，它为什么不会沉下去？实际上，水的表面张力在液体表面形成了一层"膜"，使得昆虫可以在上面行走。

液体分子间的相互引力很弱（固体中的分子引力要强得多，相反，气体中的分子引力会弱得多）。在远离液体表面的地方，大部分液体分子所受的弱引力，在各个方向上基本是相同的，但液体表面的情况不同，液体表面的分子并没有处于液体的完全包围之中，因此，表面层水分子之间的引力要比其他位置的引力更强。这些表面分子间更强的吸引力使液体在其表面形成足够的韧性，支撑昆虫在其上行走，其他情况类似。

液体表面分子形成的这种额外引力是可以测量的。表面张力 γ，定义为液体表面的额外能量，即单位面积 A 产生的能量 W。此处的"额外"是指液体表面分子间的势能超过液体内部分子间势能的部分。油不能打破水的表面张力，反之亦然，因此，这两种液体固执地拒绝了彼此溶解，直到加入表面活性剂，如肥皂，或者英国石油公司用来应对"深水地平线"漏油的化学物质。

　　环保主义者、海洋生物学家，还有其他一些人，他们还会持续监测"深水地平线"漏油事故带来的影响。我们希望，这次事故吸取的教训能够永远被封存起来，而不是用来指导下一次这样如此重大的灾难。

47.

鱼儿的故事

$$L_t = L_\infty \left(1 - e^{-k(t-t_0)}\right)$$

冯·贝特朗菲方程

方程预测某个动物在未来时刻 t 的身体长度 L_t。随着 t 的增长，动物的身体长度（或身高，取决于描述的角度）会增加。最初，增长的速度很快，但随着越来越接近身体的极限长度 L_∞，增长速度会逐渐放缓。方程显示，L_t 按照渐进方式逼近 L_∞，常数 k、t_0 和 L_∞ 取决于所考虑的是什么动物。

乘船出游虽然令人愉悦，但却并非绝对安全。人们可能会忽略一个不小的风险，在美国，当你顺着河流疾驰时，一条重量超过 40 lb 的鲢鱼由于受到马达声响惊吓，从水中一跃而出，狠狠地撞在了你的脸上……

鲢鱼属于亚洲鲤鱼的一种，原产地并非美国，这是一个所谓"入侵物种"的例子。鲢鱼会冲着驶来的船跃出水面，似乎亚洲鲤鱼中只有鲢鱼有这种习性。然而，这还只是麻烦的开始。

20 世纪 70 年代，美国引进了部分亚洲鲤鱼品种，饲养在渔场和处理废水的设施中，用来控制其中藻类的生长。此后不久，这件事情衍生出一场意外效应，由于一些鱼逃离了原来的水域，它们开始以惊人的速度在美国中部的多个河流中大量繁殖。如今，这些鱼直接威胁着五大连湖，依托于世界上最大淡水湖群、年产值达 70 亿美元的渔业为之恐慌。

假设你有一位烦人的堂兄，比方说就叫"拉尔夫"吧。有一天，拉尔夫不请自来，他也没说什么时候离开，总之他一来就开始无情地扫荡冰箱，这种事情虽然令人恼火，但还不太至于危及生命。亚洲鲤鱼也会给五大湖区的鱼类带来类似的烦扰，但这种烦扰背后的潜在危机可就是另外一回事了。亚洲鲤鱼以浮游生物和藻类为食，由于它们的食量非常大，这可能会让其他鱼种都饿死，因为这些鱼在未成年之前，它们的食物基本上也是浮游生物和藻类。

我们有没有提到过，这些亚洲鲤鱼其实都是大胃王？它们每天消耗的食物大约超过体重的 40%，这相当于 200 lb 重的堂兄拉尔夫每天吃掉 80 lb 以上的食物。如果可以找到更多的食物，某些鲤鱼一天内吃下去的东西比它们的体重还要多。亚洲鲤鱼在美国没有天敌，因此，它们的数量还会继续增加，直到超过所在生态系统的承载能力。由于亚洲鲤鱼的食量通常与体重成正比，所以鱼的尺寸是问题关键。

本节中的冯·贝特朗菲方程，是由奥地利生物学家路德维格·冯·贝特朗菲（1901—1972）提出的。该方程建立了动物身体长度 L_t 的模型，将之视为时间 t 和该动物身体极限长度 L_∞ 的函数，方程中的 k、t_0 依赖于具体讨论的动物。从方程可以看出，生长速度最初很快，然后逐渐变慢并接近最终长度[#]。例如，一条鲢鱼的最终长度为 78 cm，但仅需一年时间就可以达到 37 cm。鲢鱼算得上鱼里的大块头，它巨大的食量，对同处一渊的其他物种来说可不是什么好玩的事儿。

物种入侵的方式有很多种。堂兄拉尔夫可能是乘坐长途汽车来的，如上所述，而亚洲鲤鱼是为了控制渔业和其他方面的水质而"误入歧途"的。无论它们是否受到邀请，这些入侵

[#] 这种快速的指数增长行为在很多地方都可以看到，比如电容器的充电过程。

物种一般都会很快变得不受待见，它们会造成生态破坏，并让人们陷入寻找解决方案的焦头烂额中。亚洲鲤鱼肯定不是美国唯一具有破坏性的入侵物种。

葛根是一种大叶藤本植物，被称为"吞噬南方的藤本植物"。任何驾车穿越美国南部的人都会被田野、树木这些风景所震撼，甚至是一幢被郁郁葱葱的葛根藤蔓覆盖的小楼。这种植物原产于日本、韩国以及亚洲的其他国家地区，在美国南部温和的气候下生长迅速，一根藤蔓每天可长 1ft。虽然这种植物有诸多优点，但它们相对于原生植物来说具有一种压倒性优势，通过生长并附着在其他植物上，剥夺它们接受日照的机会。在美国所有入侵植物中，葛根已经臭名昭著。另外，它还可以顽强地抵抗多种杀虫剂。人们通过放养山羊和牛（葛根是很好的食料）以及机械手段（频繁地割草），在控制葛根方面获得了一些成功。

斑贝是原产于俄罗斯的小型淡水生物。1988 年首次发现于五大湖区，据说它们是通过进入圣劳伦斯航道的船只压载水抵达此处的。它们在管道、水泵和其他设备中大量滋生，密度之大足以阻塞或严重影响设备的正常运行。像亚洲鲤鱼一样，它们可以在食物竞争中打败其他物种；与葛根类似，它们可以大量附着在其他贝类身上，从而有效地将其杀死。因此，五大湖区的许多本地软体动物现在都濒临灭绝。由于斑贝能够在离开水的情况下存活数天，它们常常在不经意间被拖船从一条河道迁徙到其他河道。证据表明，斑贝不会把自己附在铜镍合金制成的材料上，这为治理斑贝引发的重要问题提供了解决方案，但用铜镍合金来替代原部件，成本通常要昂贵得多。

事实证明，要治理美国以及拉丁美洲水域内的亚洲鲤鱼，特别是要阻止它们进入五大湖区，是一项极具挑战的工作。美国陆军工程兵团在进入湖区的每个船闸内安装了电子屏障，电流在水中可以达到干扰鱼类的作用，有点类似于许多养狗人使用的隐形栅栏。还有一种类似的方式，通过制造"气泡门"来阻止鱼类通过。由于这些鱼已经进入河流和湖泊之间的河道，如伊利诺伊州等，一些州已经在运河里投放了药剂。迄今为止，投放范围最长的河道为6mi，在被毒死的鱼中，普通鲤鱼占了90%。

2010年春天，当时的奥巴马政府呼吁投入7 850万美元，阻止亚洲鲤鱼入侵五大湖区。这项计划包括一项长期研究，旨在确定是否应完全关闭船闸。但同时，并不会真正关闭船闸。相反，采用了适度限制手段。加强电子屏障性能，并与频闪、声音和气泡系统相结合，以提高对亚洲鲤鱼的威慑力，同时也会使用渔网和药剂阻止它们越界。

即便这些努力取得了一些进展，但也有人猜测，亚洲鲤鱼可能不适合在五大湖区生存，那里要比它们生活的河流更深、更冷。然而，最后奉劝一句，最好还是别去测试这种危险物种的适应性。

48.

清波作浪

$$船体速度 = 1.34\sqrt{船身长度}$$

船体速度方程

非滑行船（如帆船或独木舟）的船体速度是指船在航行时，当产生横波波长与船体相等时对应的船速（横波波长会随着船速的增加而变长）。方程中，船体速度的单位是节（单位符号：kn，1 节 = 1 海里/小时，即 1n mile/h≈1.852 km/h），船身长度的单位为 ft。

236

　　走，划船去。也许读者也属于热爱冒险的一类人，更喜欢快艇的刺激感。当快艇腾空而起，擦着水面滑行之时，像极了一块打水漂高手掷出的石片，几乎是平行水面而飞。或者您更保守一些，愿意选择一艘帆船，瘦长而光滑的船体安静地滑过水面。

　　快艇和帆船分别属于两种不同的水上工具，即滑行船和非滑行船（或者叫排水型船）。所谓滑行船，是指一旦船的速度达到一定值，就会像快艇一样跃出水面。而排水型船，如帆船，在水里滑行时，船体前进的同时把水排向两侧。

　　想让船在水中前进，船头的水必须最终要到达船尾的位置才行，就像汽车或飞机前进时和空气的位置关系一样。在空气中，别无他选，因为我们被空气包裹着，所以想要从 A 点走到 B 点，就必须完全突破空气的包围。但在水中的情况略有不同，在水中允许人们进行一定的工程设计，比如，通过让船体在水面上方滑行，在很大程度上可以避免完全依靠推水来实现船体的移动。在我们继续讨论之前，先以传统的排水船为例，看看船是如何实现在水中前行的。

　　史前时代，人类就已经学会了划船，追溯起来，可能是在我们的祖先发现木头可以漂在水上之后不久便掌握了这项技能。一直以来，船的驱动力要么是帆，要么是桨，要么两者兼有。17世纪，蒸汽动力开创了船的机械化时代。

从独木舟到航空母舰，这些传统的排水型船依靠浮力实现漂浮在水面上，当然，所有船在静止不动时的漂浮，只能依靠浮力。支撑船体，阻止其下沉的浮力等于船排开水的重量。假设有一艘很大的玩具船，把它放在浴缸里的时候，我们知道浴缸里的水位就会上升——这个上升的量就是船排开水的体积，这些水的重量对应了支撑船体的浮力，阻止它下沉。因此，用比水密度大得多的材料（如钢铁）制造的船只，它们之所以可以轻易地实现漂浮，其实只要排开足够的水量，抵消船只的重量即可。

当一艘排水型船在水中前进时，如独木舟，船体会给周围的水带来多种变化。其中的流体动力学很复杂，但概括来说，一艘静止的船要想在水中前进，必须克服两件事：摩擦效应和船体制造的波浪效应。虽然水和船体表面都很光滑，但船在水中移动时，水会对船体产生一点点"黏性"，形成所谓的边界层。边界层越厚，对船体前进的阻力就越大。如果船的表面像砂纸一样粗糙，很容易理解，这时水的黏性会变得更强，边界层也会更厚，船也将面临更大的阻力。

除了摩擦效应，船在水中运动时也会产生波浪，向前传播的浪会对船体运动增加额外的阻力。船产生的波浪有两种基本类型：船行波和横波，如图14所示。船行波产生于船头和船尾（船的前方和尾部），这些波从船体位置传播开来，与船的行进方向形成一定角度，角度会随船速而变化。快艇后面常见的尾迹主要就是船行波推动的波浪轨迹。但船只也会产生一系列横波，横波与船只的移动方向垂直。

　　船体速度越快，两个相邻横波之间的距离就越大。两个相邻波之间的距离称为波长，波长与船体速度的平方成正比。如果一艘船的速度加倍，波长就会增大 4 倍。当船体速度足够快时，横波的波长增加到与船体本身的长度相等时，就会发生有趣的事情，本节方程描述的正是这种情况，此时的"船体速度"等于从吃水线测得的船体长度的平方根（单位：ft），当船体速度单位采用"节"（kn）时，需要再乘常数 1.34。

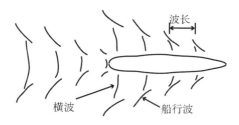

图 14　船从左向右运动产生的船行波和横波

　　横波长度等于船体长度，有什么特别之处吗？这里面真正的含义在于，当船头在前方推起一个横波时，上一个横波的峰值刚好到达船尾，船头和船尾各处在一个波峰之上，处在两个波峰之间的是一个大"水槽"（即波谷），船就正好架在水槽中间。在某种意义上，船被自己产生的波浪"卡住了"。

　　曾经有人认为，排水型船的速度不可能超过方程描述的"船体速度"。也就是说，这意味着排水型船不具备从槽中爬出来的速度，从而无法超过它们所产生的横波。

对某些船来说，的确如此。典型的例子如拖船，这是一种又短又矮的小船，为拖拽大型船只进出港口而设计。当拖船工作时，它们的速度非常缓慢。拖船的外形也不是很符合流体动力学特性，因为对它们承担的一项项工作而言，用不着考虑太多。当我们的小家伙急匆匆地穿梭于港口，拖起它的下一个客户时，它那短矮的身形激起一个大大的船头波。因为船体很短，所以据此算出的船体速度很小，拖船尽力追赶自己的波浪，看起来几乎被吸进水平面以下，即便它们拥有强大的引擎，也不可能赶上自己的横波。

但有些排水型船，可以很轻松地超越它们的船体速度。船体越长，这种情况就越可能发生。狭长的船体很容易超越船体速度，例如比赛用的划艇，在某些情况下甚至会达到船体速度的两倍。

但还有另一种跑得更快的方法，这就是滑行船，在船体吃水较浅的情况下（排水船体往往要深得多），滑行船不受船体速度的限制，它只是跨过了船头波的波峰，挣脱了大部分流体阻力，而这些阻力对排水型船来说是无法回避的。对同样的速度而言，在水面上方滑行的船体要比排水船耗费更少的能量。遗憾的是，要达到足够快的速度，使船体达到滑行状态，这本身需要耗费极大的能量。像大多数事情一样，世上没有免费的午餐，划船也不例外。

49.

沧海一滴

$$\Delta P = \frac{8\mu LQ}{\pi r^4}$$

哈根-泊肃叶定律

　　管中流动的液体，其产生的压力沿着管中流动方向逐点下降。压力差 ΔP 可根据流体的特性计算得出。该方程适用于圆柱形管，L 为其长度，r 为半径，Q 为流体速度，μ 为流体黏度。

我们生活在一个注意力稀缺的时代。宾夕法尼亚大学的研究人员发现，决定一场面试成败与否的往往是面试者在前两秒钟给人留下的印象。相比之下，博物馆迷们倒是没有如此草率，平均来看，博物馆中的参观者停留在一幅油画作品前的时间大约为5秒钟。那么，对于一个手握遥控器、随时准备换频道的电视迷来说，一档节目要抓住他的注意力平均需要几秒钟呢？

过去可并不是这样。1927年，澳大利亚昆士兰大学物理学教授托马斯·帕内尔开始了他的课堂实验，直到多年后的今天，他的实验还在进行之中。帕内尔想给他的学生演示，黏度非常高的液体其流动速度非常缓慢。最终，他选择了沥青作为演示对象。沥青是一种焦油状物质，可以从石油产品和木材中提炼出来。如果一直加热木材而不让其燃烧，木头就会渗出焦油和沥青，木材最后变为木炭。用石油生产的沥青颜色非常深，以至于我们用"沥青黑"这个词来形容完完全全的黑色。

沥青最早用作船只和防水容器的密封剂。要让沥青变为密封剂，首先必须将其加热到可以流动的状态，然后将沥青倒在或敷在需要密封的部件表面。待其冷却后，就会形成一个非常有效而持久的防水密封层。

帕内尔教授用同样的方式进行了实验，他把沥青样本加热到流体状态，然后将其倒入一个底部密封的玻璃漏斗里，接下来就是等待沥青完全沉入漏斗，整个过程大约耗费了 3 年时间，帕内尔似乎一点儿也不着急。

1930 年，这一天终于到来，他们切开漏斗底部的密封盖，沥青开始了它的下漏过程，直到今天，这个过程仍在继续（见图 15）。可以说，室温下沥青的流动速度相当缓慢。1930 年以来，只有 9 滴沥青从漏斗中落下，流入下方的玻璃烧杯。#几年前，他们专门安装了一个摄像头用来作实时记录，因为此前人们从来没有亲眼见证沥青滴入下方烧杯的过程。作为回报，摄像头正好捕捉到了一次沥青滴落的过程。

图 15　昆士兰大学的沥青实验（图片经昆士兰大学授权）

#第 9 滴沥青于 2014 年 4 月 20 日滴落。——译者注

有人说，观察沥青流下的实验跟盯着油漆变干差不多，区别是前者更无聊一些。但对研究油漆的化学家来说，观察油漆变干并不无聊。同样，对于研究流变学的专家来说，观察沥青从玻璃漏斗中流下来，也不是一件乏味的事儿。

流变学是研究流体的科学。流体可以根据其流动特性来刻画。不过，某些材料有点"人格分裂"，它们有时表现得像常规的固体，有时又更像液体，这种材料被称为黏弹性材料，沥青就是其中的一种。室温下，如果用锤子砸沥青，沥青会被敲碎，这属于弹性行为；但在室温下把它放在漏斗里时，它会像液体一样淌下来，这属于黏性行为，只不过此时的"液体"真的真的真的非常黏。我们习惯把那些行动非常缓慢的事物称为"一月份的糖蜜"，是否可以建议，对于那些行动还要慢得多得多的事物，称之为"帕内尔漏斗的沥青"呢？

帕内尔漏斗引发了一些严谨科学家的注意。1984 年的一篇论文中，正是用本节方程的另外一种等价形式估算了漏斗中沥青的黏度。我们知道，泊肃叶定律（或哈根–泊肃叶定律方程）适用于流经圆柱形管的流体，它把管子两端的压力差 ΔP 与圆管长度 L 和半径 r、液体流速 Q（例如按单位"L/min"来计）以及流体的黏度 μ 联系起来。在对漏斗的形状、沥青的重量和环境温度的变化（10 多年来，实验一直是在没有空调的建筑物中进行的）进行修正计算后，论文的作者得出结论：沥青的平均黏度大约为 2.3×10^8 Pa·s；水在室温下的黏度为 $1 \times$

10^{-3} Pa·s。一些常见的较稠液体在室温下的黏度为：蜂蜜 2~10 Pa·s，奶油花生酱 250~350 Pa·s，猪油 1 000~2 000 Pa·s。因此，在室温下，猪油的黏度至少是水的一百万倍，漏斗中沥青的黏度大约是猪油的十万倍。

托马斯·帕内尔于 1948 年去世，大约在第 2 滴沥青滴落下一年半之后。1961 年，也就是在第 4 滴沥青滴落的前一年，这个实验的研究工作移交给了约翰·梅斯顿教授，后来，他于 2013 年 8 月逝世。这中间的 50 多年来，梅斯顿教授采用沥青滴纪年法来记录历史事件。人类首次实现月球漫步是在 1969 年，也就是第 5 滴沥青降落的前一年。第 7 滴下落发生在 1988 年，之后一年，铁幕倒下。要作为一个计时器，沥青滴实验装置可能还是差一点儿。但令人欣慰的是，在将近一个世纪的时间里，这个简单的课堂实验一直在向学生讲述一个道理，同时也在告诫我们每一个人，世界万物永远不是一成不变的。

50.

神奇的水力压裂法

$$p_b = T - \sigma_H - 3\sigma_h$$

岩层的水力压裂方程

这个方程描述的是岩体力学中的水力压裂过程，适用于密实、非渗透岩层中的垂直钻井。岩层破裂所需的压力 p_b 与岩层的抗拉强度 T 相关，方程右侧的另外两个参数 σ_H 和 σ_h，是井壁水平面上所受的主应力，按惯例，σ_H 要大于 σ_h。

2011 年 11 月 11 日，俄克拉何马州中部发生里氏 5.6 级地震，这是该州近 60 年来最强烈的一次地震。巧的是，俄克拉何马州中部集中了相当多的油气钻井，这之间有关联吗？

在许多人看来，从油井中开采原油和天然气似乎是一项技术含量很低的工作，它让人想起过去的黑白电影中，工人戴着安全帽，身上沾满了黑色、黏糊糊的液体，这种液体来自一眼老式木制井架下方的油井。而在远远的地方，老板们一个个西装革履，正要打开香槟酒庆祝又一次旗开得胜。

现代石油和天然气的生产过程，与上文中过时的刻板印象截然不同。事实上，如今油井钻探和碳氢化合物开采的每一个环节都属于高科技产业，也许没有什么技术能够像定向钻探和水力压裂这两项那样为现代石油工业带来如此深刻的变革。定向钻探听起来似乎不太可能：一开始是直直地钻下去，接下来，不知为什么，钻头开始拐弯，好了，相对地表来说，现在钻探方向变成了斜着或是水平的了。

但事实上，要打一个直直的洞，并非一件容易的事，任何在周末手持电钻亲力亲为的"战士"对此都感同身受。在早期的石油工业中，人们感觉是在沿着"竖直"的方向钻井，但实际上大多是斗折蛇行。在整个钻探的过程中，人们都无法判断是否真正钻到了目的地。即便钻井队知道，也无法很好地把控钻探方向。如今，钻井的控制可以达到非常精确的程度，一口井可以真正竖直向下钻出好几千米深，水平方向也可以达到这个长度，这样，即便钻探的终点目标跟房屋门大小差不多，也可以顺利完成任务。

精确控制的定向钻探非常重要，因为油井必须要钻在富含碳氢化合物的地质层。钻井之前，参与开采项目的地质学家会给出资源的精确位置。至于他们是如何找到所有这些石油和天然气位置的，这就是另外的故事了。然而，地质学家一旦完成了他们的任务，接下来就交给钻井工程师，他们要选择能够收获最多碳氢化合物的地质路径，钻出一口井来。

但光是沿着最佳路径钻出一口井还不够，不像从前，现在探测到的油气资源往往都封藏在地质层内部。这就意味着，仅通过钻探这一步收获的油气产量非常有限。这就需要上文提到的第二项彻底改变石油和天然气工业的技术：高压水砂破裂法，俗称水力压裂。

水力压裂技术是指通过高压液体的作用使岩层发生破裂的过程。如今通过人工水力压裂导致的岩层破裂，与地球诞生以来自然造成的岩层破裂相比，两者在总量上已经旗鼓相当了。自然界的水力压裂现象可以追溯到数十亿年前。当我们每次开车经过两侧都是山体的高速公路时，都可以看到支撑证据，道路两侧岩壁上的纹路通常就是由自然界的水力压裂造成的，花园里挖出的石头，也会经常带有水力压裂导致的纹理。

人工水力压裂技术的历史要追溯到1947年，它的基本原理并不复杂。在完成油井的钻探后，用高压将液体泵入井内，15 000psi（1psi≈6 894.26 Pa）的高压在今天看来，一点儿也不算稀奇。高压会使岩石破裂，在油井穿过的地层中形成裂缝，从而使蕴含在其中的碳氢化合物更容易地经由裂缝，穿过地层，渗入油井，升到地表。本节介绍的方程属于岩体力学领域，使岩石破裂所需压力 p_b（通过压力泵产生）与岩石的抗拉强度 T、岩石自身重力以及其他因素产生的应力 σ_H 和 σ_h 这些参数相关。

虽然水力压裂的概念相对简单，但其中的细节却相当复杂。大多数水力压裂法要求在油井中铺设钢制井筒，为使高压液体进入地层并发挥作用，需要在筒壁上留有钻孔。水力压裂采用的液体本身就很复杂，压裂液的使用也存在争议之处，它的主要成分是水和石英砂。石英砂（或类似材料）发挥了"支撑剂"的作用，一旦岩石中形成裂缝，石英砂就会被注入裂缝内部，防止裂缝在外部压力降低时再度闭合。根据不同油井的具体特点，需要在压裂液中加入各种各样的化学物质。大多数油井水力压裂都是分段完成的，最先进行压裂的是井的终端（即最后钻探的部分），完成后进行封隔，然后再对下一段进行压裂操作，以此类推，一口油井的压裂过程需要重复这个步骤几十次。最后，在油井开始出油之前，必须要把所有封隔用的塞子统统撤掉。某些类型的地层，包括最近经常见诸报端的页岩，水力压裂法是唯一经济可行的开采手段。

人类并非生存在岩层之下，所以你可能已经听说过，随着水力压裂应用越来越多，人们对它的争议也越来越大。水力压裂给环境造成的潜在影响包括地下水污染、温室气体排放等，甚至有可能引发地震活动。至少可以说，公众对水力压裂技术的看法也分裂为几派。一些人认为这一过程是完全安全的，不应接受任何监管，另外一些人则认为这个过程本身就非常危险，应该被绝对禁止（2012 年，佛蒙特州成为美国第一个禁止在其境内实施水力压裂的州）。和大多数事物一样，真相往往介于这两个极端之间。至于故事一开始提到的俄克拉何马州地震，几乎肯定与水力压裂无关（这并不等于说水力压裂不可能诱发地震活动）。

我们对石油产品的需求似乎永无止境，水力压裂技术打通了供给，曾经被认为无法开采的资源也被人们收入囊中。但在供需关系等式中，除非需求方发生改变，否则包括水力压裂在内的供给方会一直维持现状。

51.

先吃两片阿司匹林，明早再给我打电话

$$Z = \frac{\overline{X} - \overline{Y}}{\sqrt{\dfrac{\sigma_1^2}{m} + \dfrac{\sigma_2^2}{n}}}$$

统计显著性判定

有时候，我们用统计变量 Z 来评估两个样本群体均值（$\overline{X}$ 和 $\overline{Y}$）的差异显著性。Z 值越大，$\overline{X}$ 和 $\overline{Y}$ 之间的差异越有可能 "具有统计学意义"。其中，σ_1 和 σ_2 分别是 $\overline{X}$ 和 $\overline{Y}$ 的标准差，m 和 n 分别是 $\overline{X}$ 和 $\overline{Y}$ 的样本数量。

现代医学的强大，让我们忘却了曾经的过往，那时，医生面对即将离世的病人，除了给予安慰和让病人在生命的最后时刻尽可能舒适之外，束手无策。由于缺乏有效治疗疾病的手段，过去的医生，有时候会选择开出一些连他们自己都知道没什么药效的处方，但并不会告诉病人，而是引导病人去相信，这是一种强有力的治疗方案，可以帮助他们恢复健康。有时候，这一招的确管用，人们称之为"积极心态的力量"，或者"撞大运"，或者更科学地说，应该叫"安慰剂效应"。

"安慰剂（Placebo）"这个词来自拉丁语，有"取悦他人"之意，最早出现在 4 世纪拉丁文版《圣经》的诗篇 116：9 中："Placebo Domino in regione vivorum（我将在尘世之中取悦于上帝）。"然而，随着时间的推移，这个词逐渐被赋予贬义，形容一个人用谎言来取悦他人，以此作为达到目的的手段。14 世纪，在乔叟的《坎特伯雷故事集》中，有一个角色就叫作"Placebo"，这是一个邪恶的谄媚之徒。

安慰剂一词首次用于医学领域是在 1785 年。1811 年版《昆西医学词典》把安慰剂定义为：用于情绪上纾解病症，而非真正从药理上使患者受益的任何药物的总称。1807 年，托马斯·杰斐逊写道："曾经有一位医生，也是我见过的最优秀的医生之一，确信地告诉我，他给病人开了很多面包药片、稀释的色素滴液、山核桃粉剂，而且他用这些'假药'的量要超过真药。"早在 20 世纪，安慰剂就在主流医学中开始发挥重要作用，并得到了医生的广泛认可。由于受诊疗水平限制，医生根本无力去应对如此多的疾病，给病人安慰剂似乎总比置之不理要好一些。从医学上讲，这不会有什么害处，而且当时通行的道德规范也认可这种做法。此外，许多医生认为，对那些越是鲁钝的病人，安慰剂就越有价值，也更必要。

近年来，安慰剂在推动一些新疗法的发展中起到了非常重要的作用。任何创新的医疗手段都可以而且应该经过临床试验和统计评估，这一点如今已经成为一种共识，这么做的目的是为了判断两组数据之间是否存在显著差异。判断统计显著性的方法有很多，本节的方程就是其中一种。例如，假设有一个养鱼场，我们想要比较两种不同的饲养方法，看看哪一种有利于增加产量。这时，需要在两个不同的鱼池中进行试验，小心地控制诸多变量（包括日照、鱼池深度、水质、喂食时间等），然后分别用两种不同方法去饲养两个鱼塘中的鱼。许多天后，捕捞所有鱼并称重。

根据上面的方程，假设这两个鱼塘中鱼的平均重量分别是 $\overline{X}$ 和 $\overline{Y}$。显然，$\overline{X}$ 和 $\overline{Y}$ 的差异越大，就越有可能是由于饲养方案的选择而对鱼的产量造成了显著影响，但此处我们更多考虑的是平均重量的差异。方程中，假设从第一个鱼塘捕捞鱼的数量为 m，从第二个鱼塘捕捞鱼的数量为 n，两个鱼塘的鱼，其重量的标准差分别为 σ_1 和 σ_2，通过这些参数，我们可以计算出 Z 的值。这是一个标准化后的统计量，我们可以将其与现成的表格进行对比，来确定 $\overline{X}$ 和 $\overline{Y}$ 之间的差异是否达到"具有统计学意义"的水平。这种方法以及其他一些类似统计方法在科学领域和工程实践中应用很多，在临床医学中尤为广泛，参见图 16 中的例子。

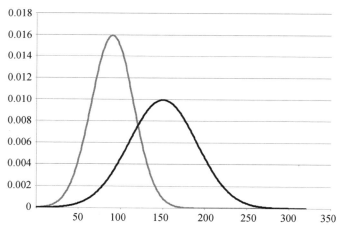

图 16　图中曲线表示两组正态分布数据。灰色曲线的平均值为 90，标准差为 25；黑色曲线的平均值为 150，标准差为 40。每条曲线都是根据 30 次试验的结果生成。这两组数据展现出明显的统计差别

但最初的 20 世纪，一项新医疗方案的有效性通常不是通过临床试验来判断的，而是由医师的主观判断来决定的。临床试验中首次使用安慰剂作为对照的记录，可追溯到 1801 年，约翰·海格思医生比较了在患者皮肤上使用木棒和金属棒的效果。当时，人们认为由于某些金属棒（"珀金斯牵引器"）带有磁性而具有治疗作用。木头并没有这样的特性，但是海格思发现病人在使用木棒治疗后（被告知是金属棒），和真正的珀金斯牵引器一样，各种症状也可以得到缓解。

1938 年，人们在预防普通感冒的疫苗试验中引入了安慰剂对照。实验中，分别给两组学生注射新疫苗和安慰剂。学生们并不知道自己接受了哪种治疗，而且试验的流程完全一致。接种新疫苗的学生中，有相当一部分在整个试验期间没有感冒，这是否意味着新疫苗有效呢？并非如此，因为在接受安慰剂治疗的患者中，同样比例的学生在试验期间也没有感冒。因此，这次试验并没有取得积极的结果。临床医生报告，这项研究中最值得关注的一点是，安慰剂组与先前进行的非对照试验（不使用安慰剂）相比，使用安慰剂和接种疫苗的数据差别并不大。

这个实验以及其他一些试验中获得的类似结果，使人们认识到，临床试验中使用安慰剂与不采取任何治疗措施相比，还是有其效果的。事实上，这就是"安慰剂效应"。

意识到存在安慰剂效应是一回事，定义它是另外一回事。有一种定义认为，安慰剂效应是指"安慰剂治疗组和未治疗对照组在无偏见实验中的结果差异"。这个定义在理论上听起来不错，但在实际中，很难真正保证实验的无偏见性，因为根据定义要求，不允许对受试者掩饰是否真正接受了安慰剂。

病人的精神状态对病情有很大影响。以 1987 年的一项研究为例，将 200 名患者分为 4 组：第一组接受治疗，并且医生提供"积极的"引导（医生对患者的病情和判断持乐观态度）；第二组接受与第一组相同的治疗，同时师生进行"消极"引导；第三组不采取治疗措施，但给予积极引导；第四组既不采取医疗措施，同时还要进行消极引导。研究结果表明，接受积极引导的患者无论是否接受治疗，其病情趋于好转的可能性都很大。从医生只能选择安慰剂隐瞒病人的时代起，医学已经走过了漫长的道路，但千万不要低估积极心态的力量。

52.

最著名的方程

$$E = mc^2$$

爱因斯坦质能方程

质量为 m 的物体具有的能量等于质量 m 乘光速 c 的平方。光速（见"34. 上帝说'要有光'"）等于 299 792 458 m/s，或者取约数 3×10^8 m/s。国际单位制中，能量单位是 J，相当于 kg·m²/s²。

对爱因斯坦来说，1905 年是一个非常好的年份，同时对整个科学史来说，也是最好的一个年份。1905 年，26 岁的爱因斯坦在瑞士专利局做了一名助理专利审查员，因为他一直谋不到一份大学物理教授的工作，所以接受了这份差事。但是，当爱因斯坦不用处理专利评估的工作时，他把业余时间花在研究各种科学难题上。说白了，他的科学实验室就位于他的"两耳之间"，多么棒的实验室啊！

1905 年，爱因斯坦在《物理学年鉴》杂志上发表了 4 篇论文，每一篇论文几乎都代表了这个领域的最高水准。其中一篇论述光的粒子性的论文提出了光子假设（组成光的基本粒子）。光电效应正是这个预测的产物，我们一会儿再回到这个问题。爱因斯坦同年发表的另一篇关于布朗运动的论文，从理论上证实了原子和分子的存在。第三篇论文阐述了狭义相对论，这彻底改变了空间和时间的概念。第四篇论文提出了质量和能量之间的等价假设，其中包含所有方程中最著名的 $E = mc^2$。这些论文发表后不久，爱因斯坦获得了显然当之无愧的教授职位。今天看来，按拉丁文的说法，1905 年应该算得上爱因斯坦的"*Annus Mirabilis*"，也就是他的"奇迹之年"。

由此，这位应该是有史以来最著名的科学家开启了他的科学事业。爱因斯坦去世于 1955 年，他在那个"奇迹之年"后，又持续工作和创造了 50 年。在他去世 50 多年后，他的形象——野性的头发、浓密的胡子和古怪的表情，依然为人们所熟知，这个形象是已故名人中最具价值的特许经营权之一，毫不次于猫王和玛丽莲·梦露。

如果去问一位普通人爱因斯坦做出了哪些伟大贡献，最常见的两个答案也许就是"相对论"和"$E=mc^2$"。众所周知，诺贝尔奖通常会授予那些做出最杰出贡献的最伟大科学家。诺贝尔奖由阿尔弗雷德·诺贝尔创立，从 1901 年起，每年颁发一次，涉及物理学、化学、生理学或医学奖，以及文学奖与和平奖。

爱因斯坦的确获得了诺贝尔物理学奖，但其获奖与相对论和 $E=mc^2$ 都没有关系。爱因斯坦在 1921 年正式获奖之前，曾11 次获得该奖提名。爱因斯坦获得诺贝尔奖的授予词中写道"鉴于他在理论物理学方面的功绩，特别是光电效应的发现"。将诺贝尔物理学奖授予阿尔伯特·爱因斯坦的光电效应，有点儿像贝比·鲁斯进入棒球名人堂的原因为他是一个伟大的投手，贝比·鲁斯是一个伟大的投手，但任何了解棒球史的学生都会告诉你，贝比·鲁斯能够进入名人堂，主要是因为他是一个伟大的击球手。

用一个词来概括爱因斯坦最大的贡献，那就是"相对论"。但本节故事的主题是能量—质量守恒，也即这个著名方程的一个推论。事实上，这两个概念是相关的。

爱因斯坦并不是第一个提出质量和能量守恒理论的人，但他是第一个对此做出量化的人，并以方程的形式确定下来。$E = mc^2$ 这个方程中，E 代表能量，m 为质量，c 是光速。爱因斯坦提出 $E = mc^2$ 的论文，其题目是《物体的惯性是否取决于其所含的能量》。这篇论文通常被认为是爱因斯坦几个月前所写的另外一篇论文（《关于运动物体的电动力学》）的一个延续，正是在这篇论文中，爱因斯坦阐述了狭义相对论。

由于光速的数值非常大，依据方程，即便是一个质量极小的物体，它所含的能量都非常巨大。人们通常用 $E = mc^2$ 来解释为什么核武器如此强大。第二次世界大战即将结束时，投在长崎的原子弹约相当于21 000 t TNT（一种常规的非核武器炸药）当量。长崎原子弹中钚的重量约为 6 kg，1 kg 钚原子裂变成为更轻的原子，这个过程产生的能量之巨简直无法想象。钚的原始重量为 1 kg，爆炸中，钚裂变为较轻的原子，前后两者的质量减少了将近 1 g，这 1 g 质量转化释放为辐射、热能和爆炸能。因此，1 g 钚的原子能相当于约21 000 t TNT 爆炸所释放的能量。

但 $E = mc^2$ 是一个普适的结果，不光适用于核能，也适用于其他各种类型的能量形式。只是对于"传统"形式的能量来说，由于能量的变化非常小，所以能量变化对应的质量变化也就非常小，通常可以忽略不计。为了说明这一点，我们重新变换一下方程形式，也就是 $m = E/c^2$。用 c^2 这个天文数字去除一个相对较小的能量值，得到的是一个非常接近于 0 的结果。比如，加热炉子上的水时，水的热能增加实际上会增加水的质量，只不过我们感觉不到而已。把 1gal 水从室温加热到沸点，水增加的质量不会超过几万亿分之一克，这一过程的逆过程，就是将水从 100 ℃冷却到室温，水的质量减少了相同的量。

在这个最著名的方程中，爱因斯坦向我们展示了质量和能量就像同一硬币的两面，永远由一个常数联系在一起，即光速的平方。

延伸阅读

前言

Adler, Mortimer J., and Charles Van Doren. *How to Read a Book.* Revised edition. Touchstone, 1999.

Thompson, S.P. *The Life of William Thomson, Baron Kelvin of Largs.* Macmillan, 1910.

01.地球吸引苹果

White, Michael. *Isaac Newton: The Last Sorcerer.* Basic Books, 1999.

02.成绩都在平均分之上

Devore, Jay L. *Probability and Statistics for Engineering and the Sciences.* 3rd edition. Brooks/Cole Publishing, 1991.

Lawrence, Mark. "Statistics, Part 1: Average and Standard Deviation." Investing.calsci.com/statistics.html(accessed September 24, 2012).

03.神秘微笑的女人

Livio, Mario. "The Golden Ratio and Aesthetics." *Plus Magazine*, no.22, 2002.http:// plus.maths.org/issue22/features/golden.

Markowsky, George. "Misconceptions about the Golden Ratio." College Mathematics Journal 23, no.1 (January 1992).

Walser, Hans. *The Golden Section.* Mathematical Society of America, 2001.

04.长颈鹿的抗荷服

Mitchell, G., and J.D.Skinner. "An Allometric Examination of the Giraffe

Cardiovascu-lar System." *Comparative Biochemistry and Physiology*, *Part A*, 154（2009）:523-529.

Simmons, Robert, and Lee Scheepers. "Winning by a Neck: Sexual Selection in the Evolution of the Giraffe." *American Naturalist* 148（1996）:771-786.

05.电力之战

King, Gilbert. "Edison vs. Westinghouse: A Shocking Rivalry." October 11, 2011.http://blogs.smithsonianmag.com/history/2011/10/edison-vs-westinghouse-a-shocking-rivalry（accessed August 25, 2012）.

06.多普勒效应

Eden, Alec. *The Search for Christian Doppler*. Springer-Verlag, 1992.

07.这条牛仔显胖吗?

Centers for Disease Control and Prevention. U.S. National Health and Nutrition Examination Survey. www.cdc.gov/nchs/nhanes.htm（accessed September 24, 2012）.

Eknoyan, Garabed. "Adolphe Quetelet（1796-1874）: The Average Man and Indices of Obesity." *Nephrology Dialysis Transplantation* 23, no.1（2008）:47-51.

08.0 和 1

Smith, Elizabeth. "On the Shoulders of Giants: From Boole to Shannon to Taube: The Origins and Development of Computerized Information from the Mid-19th Cen-tury to the Present." *Information Technology and Libraries* 12, no.2（June 1993）:217-226.

09.海啸

Back, Alexandra. " Tsunamis: How They Form." *Australian Geographic*, March 18, 2011. www. australiangeographic. com. au/journal/facts-and-figures-how-tsunamis-form.htm.

John, James E. A., and William L. Haberman. *Introduction to Fluid Mechanics*. 3rd edition. Prentice Hall, 1988.

10.降价的芯片

Moore, Gordon. "Cramming More Components onto Integrated Circuits." *Electronics* 38, no.8 (April 19, 1965): 4-7.

——. " Progress in Digital Integrated Electronics." *Technical Digest*, IEEE Inter-national Electron Devices Meeting 21 (1975): 11-13.

Yang, Dori Jones. " Gordon Moore Is Still Chipping Away." *U. S. News & World Report*, July 20, 2000. www. usnews. com/usnews/biztech/articles/000710/archive_015221.htm.

11."拉伸"的创造力

Chapman, Allan. "England's Leonardo: Robert Hooke (1635-1703) and the Art of Experiment in Restoration England." *Proceedings of the Royal Institution of Great Britain* 67 (1996): 239-275. http://home.clara.net/rod.beavon/leonardo.htm.

12.伍德斯托克

Feldman, David. *Imponderables: The Solution to Mysteries of Everyday Life*. Pp. 250-254. William Morrow, 1987.

13.揭秘 π

Bell, E.T. *Men of Mathematics*. Pp. 28-34. Simon and Schuster, 1937.14.

14.假如不再出汗

"Cooling of the Human Body." Georgia State University, HyperPhysics website.http://hyperphysics.phy-astr.gsu.edu/hbase/thermo/coobod. html #c1 (accessed September 25,2012).

Guyton, Arthur C., and John E. Hall. *Textbook of Medical Physiology*. Pp. 889-904.11th edition.Elsevier Saunders,2006.

15.续航里程

Anderson, Curtis D., and Judy Anderson.*Electric and Hybrid Cars*:*A History*. McFarland,2004.

16.潜水病

McCullough, David.*The Great Bridge*.Simon and Schuster,1972.

17.是温度,不是湿度

Middleton, W.E.Knowles.*A History of the Thermometer and Its Uses in Meteorology*.Johns Hopkins University Press,2002.

18.最优美的方程

Nahin, Paul J.*Dr.Euler's Fabulous Formula*:*Cures Many Mathematical Ills*. Princeton University Press,2006.

Sandifer, Ed."How Euler Did It:Euler's Greatest Hits." Mathematical Association of America website. www. maa. org/editorial/euler/How Euler Did It 40 Greatest Hits.pdf (accessed September 25,2012).

19.这不科学

Hunt, Bruce J.*Pursuing Power and Light*:*Technology and Physics from James Watt to Albert Einstein*.Johns Hopkins University Press.2010.

Schirber, Michael."Harsh Light Shines on Free Energy." *Physics World* 20

（August 2007）:9.

20.火星诅咒

O'Neill, Ian. "The Mars Curse." March 22, 2008. www. universetoday.
com/13267/the-mars-curse-why-have-so-many-missions-failed.

Stephenson, Arthur G., et al. "Mars Climate Orbiter Mishap Investigation
BoardPhase I Report." NASA, November 10, 1999.

21.我发现了!

Bell, E.T. *Men of Mathematics*. Pp.28-34. Simon and Schuster, 1937.

22.积少成多……

O'Connor, J.J., and E.F.Robertson. "History Topic: The Number*e*." www-
history. mcs. st-and. ac. uk/PrintHT/e. html（accessed December 7,
2013）.

23.当我拥有了大脑

Maor, Eli. *The Pythagorean Theorem: A 4,000-Year History*. Prince ton Uni-
versity Press, 2007.

24.因为它就在那里

Christiaens, Griet. "The Prince of Amateurs of Mathematics." http://
mathsforeurope. digibel. be/pierredefermat. html（accessed September
25, 2012）.

Wiles, Andrew. "Modular Elliptic Curves and Fermat's Last Theorem."
Annals of Mathematics 141, no.3（1995）:443-551.

25.四只眼睛

Ilardi, Vincent. *Renaissance Vision from Spectacles to Telescopes*. American
Philosophical Society, 2007.

26.如受蜂芒

Lonsdorf,Eric,et al.,"Modelling Pollination Services across Agricultural Land-scapes." *Annals of Botany*, 2009, doi: 10.1093/aob/mcp069; first published online March 26,2009.

Madrigal,Alexis."Bee Colony Collapse May Have Several Causes." www. wired.com/wiredscience/2010/01/colony-collapse-lives (accessed September 3,2012).

27.太阳来了

Boyles,Sally. "High-SPF Sunscreens: Are They Better?" www. webmd. com/skin-problems-and-treatments/features/high-spf-sunscreens-are-they-better (accessed September 5,2012).

Brannon,Heather."What Is SPF?" http://dermatology.about.com/cs/skincareproducts/a/spf.htm (accessed August 25,2012).

Derrick,Julyne. "Top 10 Sunscreens." http://beauty.about.com/od/sunscree1/tp/sunscreenstop.htm (accessed September 5,2012).

28.站得住脚

LaBarbera,Michael L. " The Biology of B - Movie Monsters." http:// fathom.lib.uchicago.edu/2/21701757 (accessed September 5,2012).

29.爱情就像过山车

Serway,Raymond,and Robert Beichner.*Physics for Scientists and Engineers.* 5th edition.Pp.979-994.Saunders College Publishing,2000.

30.损耗因子

Feynman,Richard.*What Do You Care What Other People Think? Further Adventures of a Curious Character.*W.W.Norton,2001.

Gebhardt, Chris, and Chris Bergin. "STS - 51L and STS - 107—*Challenger and Columbia: A Legacy Honored.*" *February* 1, 2010. www.nasaspaceflight.com/2010/02/sts-511-sts-107-challenger-columbia-legacy-honored (accessed September 5, 2012).

31.顺坡而下

"Friction and Coefficients of Friction." www.engineeringtoolbox.com/friction-coefficients-d 778.html (accessed September 25, 2012).

"Introduction to Tribology: Friction." http://depts.washington.edu/nanolab/ChemE554/Summaries ChemE 554/Introduction Tribology.htm (accessed September 5, 2012). Serway, Raymond, and Robert Beichner.Physics for Scientists and Engineers.5th edition.Pp.131-137. Saunders College Publishing, 2000.

32.变形金刚

Devlin, Keith "The Maths behind MP3." *The Guardian*, April 3, 2002. www.guardian.co.uk/technology/2002/apr/04/internetnews.maths.

Fourier, Joseph. "Remarques générales sur les températures du globe terrestre et des espaces planétaires." *Annales de Chimie et de Physique* (*Paris*), 2nd ser., 27 (1824): 136-167.

Maor, Eli.*Trigonometric Delights*.Pp.198-210.Princeton University Press, 1998.

33.金融帝国

Darby, Mary."In Ponzi We Trust." *Smithsonian Magazine*, December 1998. www.smithsonianmag.com/people-places/In-Ponzi-We-Trust.html.

34.上帝说"要有光"

Boyer, Carl. "Early Estimates of the Velocity of Light." Isis 33, no. 1

（March 1941）:24-40.

35.自作聪明

Martin, O. "Psychological Measurement from Binet to Thurstone（1900-1930）." *Revue de Synthese* 4（1997）:457-493.

"The SAT." http:// professionals.collegeboard.com/testing/sat-reasoning（accessed September 25,2012）.

36.地老天荒

Dalrymple, G.Brent. *The Age of the Earth*. Stanford University Press, 1991.

37.能听到吗?

"Reverberation Time." http://hyperphysics. phy - astr. gsu. edu/hbase/a-coustic/revtim.html（accessed September 25,2012）.

Sabine, Wallace C. *Collected Papers on Acoustics*. 1922. Reprint: Dover, 1964.

38.衰变热量

Decay Heat Power in Light Water Reactors. American Nuclear Society, ANSI/ANS-5.1-2005.

Nusbaumer, Olivier. "Decay Heat in Nuclear Reactors." http://decay-heat.tripod.com（accessed September 5,2012）.

39.0,1,…无穷多

Drake, Frank. "The Drake Equation Revisited: Part 1." *Astrobiology Maga-zine*. September 29, 2003. www. astrobio. net/index. php? option = com retrospection & task = detail & id = 610.

40.终端速度

"Red Bull Stratos Fact Sheet." http://media. marketwire. com/attachments/201002/2757 RedBullStratos-SupersonicFactSheet-long.

pdf (accessed September 6,2012).

"Supersonic Parachuting: Red Bull Stratos vs Le Grand Saut." April 10,
2010. www. whitelabelspace. com/2010/04/supersonic - parachuting -
red-bull-stratos.html(accessed September 6,2012).

41.水啊! 水啊! 你无处不在

"The World Factbook: Bangladesh." www. cia. gov/library/publications/
the-world-factbook/geos/bg.html (accessed September 6,2012).

Yavuz, C. T., et al. "Low - Field Magnetic Separation of Monodisperse
Fe_3O_4 Nano-crystals." Science, November 10,2006, pp.964-967.

42.狗龄

Medawar,P.B.*An Unsolved Problem in Biology.*H.K.Lewis,1952.

Reznick,D.N., et al."Effect of Extrinsic Mortality on the Evolution of Se-
nescence inGuppies." *Nature* 431 (2004):1095-1099.

43.体温

McCardle, William, Frank Katch, and Victor Katch.*Exercise Physiology: En-
ergy, Nutrition, and Human Performance.* 5th edition. Lippincott, Wil-
liams,and Wilkins,2001.

Power,Michael,and Jay Schulkin.The Evolution of Obesity.Johns Hopkins
University Press,2009.

44.炽热

Britton,Erin."Planck's Law." December 28,2008.http://physics-history.
suite101. com/article. cfm/plancks law (accessed September 18,
2012).

Planck,Max.*The Theory of Heat Radiation.*Translated by M.Masius.2nd edition.P.Blakiston's Son,1914.

45.晴天霹雳

Serway,Raymond,and Robert Beichner.*Physics for Scientists and Engineers.* 5th edition.Pp.844–852.Saunders College Publishing,2000.

Uman,Martin A.*All about Lightning.*Dover,1987.

"United States Lightning Activity, Last 60 Minutes," www. strikestarus. com (accessed September 18,2012).

46.油和水

Cressey,Daniel."The Science of Dispersants: Massive Use of Surfactant Chemicals Turns Gulf of Mexico into a Giant Experiment." Nature, May 12,2010.www. nature. com/news/2010/100512/full/news.2010. 237.html.

Veil, John A., et al. *A White Paper Describing Produced Water from Production of Crude Oil, Natural Gas, and Coal Bed Methane.*Argonne National Laboratory, for the U. S. Department of Energy National Energy Technology Laboratory.January 2004.

47.鱼儿的故事

Garvey, J. E., K. L. DeGrandchamp, and C. J. Williamson. *Life History Attributes of Asian Carps in the Upper Mississipi River System.*ANSRP Technical Notes Collection, ERDC/TN ANSRP‐07‐1.U.S. Army Corps of Engineer Research and Development Center,Vicksburg,MS, May 2007.www. dtic. mil/cgi‐bin/GetTRDoc? Location = U2&doc = GetTRDoc.pdf & AD=ADA468471 (accessed September 18,2012).

"The Von Bertalanffy Growth Equation." www.pisces‐conservation.com/

growthhelp/index. html? von bertalanffy. htm (accessed September 18,2012.)

48.清波作浪

Savitsky,Daniel."On the Subject of High-Speed Monohulls." http://legacy.sname.org/newsletter/Savitskyreport.pdf (accessed September 19, 2012).

Simon, Donald C. "Wake Patterns." www. steelnavy. com/WavePatterns. htm (accessed September 19,2012).

49.沧海一滴

Edgeworth,R. , B. J. Dalton, and T. Parnell. "The Pitch Drop Experiment." *European Journal of Physics*(1984) :198-200.

"Fluids:Kinematic Viscosities." www.engineeringtoolbox.com/kinematic-viscosity-d 397.html (accessed September 25,2012).

50.神奇的水力压裂法

Jaeger, J. C. , N. G. W. Cook, and R. W. Zimmerman. *Fundamentals of Rock Mechanics*.4th edition.Pp.412-413.Blacell Publishing,1997.

"Oilfield Services:The Unsung Masters of the Oil Industry." Economist, July 21,2012.www.economist.com/node/21559358.

51.先吃两片阿司匹林,明早再给我打电话

Craen,Anton J.M. , et al. "Placebos and Placebo Effects in Medicine:Historical Overview." *Journal of the Royal Society of Medicine* 92(1999) : 511-515.

Jacobs, B. "Biblical Origins of Placebo." *Journal of the Royal Society of Medicine* 93,no.4 (April 2000) :213-214.

Thomas, K.B. "General Practice Consultations: Is There Any Point Being Positive?" *British Medical Journal* 294 (1987): 1200-1202.

52.最著名的方程

Bodanis, David. *E = mc² : A Biography of the World's Most Famous Equation.* Walker, 2000.

计量单位换算表

	法定计量单位		本书非法定计量单位		换算关系
	名称	符号	名称	符号	
长度	千米（公里）	km	英里	mi	1mi ≈ 1.609km
			海里	n mile	1n mile ≈ 1.852km
	米	m	英尺	ft	1ft = 12in ≈ 0.305m
			英寸	in	1in ≈ 0.025m
质量	千克（公斤）	kg	磅	lb	1lb ≈ 0.454kg
			斯勒格	slug	1slug ≈ 14.594kg
速度	千米（公里）/时	km/h	英里/时	mi/h	1mi/h ≈ 1.609km/h
			节	kn	1kn = 1n mile/h ≈ 1.852 km/h
力	牛顿	N（kg·m/s²）	磅力	lbf	1lbf ≈ 4.448N；1N ≈ 0.225lbf
压强	帕斯卡（牛顿/平方米）	Pa（N/m²）	磅力/平方英寸	psi（1bf/in²）	1psi ≈ 6 894.757Pa
体积	升	L	加仑（美）	gal	1gal ≈ 3.785L
能耗水平	千瓦时/公里	kWh/km	千瓦时/英里	kWh/mi	1kWh/mi ≈ 0.621kWh/km
热	焦耳	J	卡路里	cal	1cal ≈ 4.186J
			英热单位	BTU	1 BTU ≈ 1 055.056J
功率	瓦特	W（J/s）	英热单位每小时	BTU/h	1 BTU/h ≈ 0.293 W